人工知能システムの
プロジェクトがわかる本

—— 企画・開発から運用・保守まで ——

本橋洋介 NECシニアデータアナリスト
YOSUKE MOTOHASHI

SHOEISHA

本書内容に関するお問い合わせについて

このたびは翔泳社の書籍をお買い上げいただき、誠にありがとうございます。弊社では、読者の皆様からのお問い合わせに適切に対応させていただくため、以下のガイドラインへのご協力をお願い致しております。下記項目をお読みいただき、手順に従ってお問い合わせください。

●ご質問される前に

弊社Webサイトの「正誤表」をご参照ください。これまでに判明した正誤や追加情報を掲載しています。

正誤表　https://www.shoeisha.co.jp/book/errata/

●ご質問方法

弊社Webサイトの「刊行物Q&A」をご利用ください。

刊行物Q&A　https://www.shoeisha.co.jp/book/qa/

インターネットをご利用でない場合は、FAXまたは郵便にて、下記"翔泳社 愛読者サービスセンター"までお問い合わせください。
電話でのご質問は、お受けしておりません。

●回答について

回答は、ご質問いただいた手段によってご返事申し上げます。ご質問の内容によっては、回答に数日ないしはそれ以上の期間を要する場合があります。

●ご質問に際してのご注意

本書の対象を越えるもの、記述箇所を特定されないもの、また読者固有の環境に起因するご質問等にはお答えできませんので、予めご了承ください。

●郵便物送付先およびFAX番号

送付先住所　〒160-0006　東京都新宿区舟町5
FAX番号　　03-5362-3818
宛先　　　　（株）翔泳社 愛読者サービスセンター

※本書に記載されたURL等は予告なく変更される場合があります。
※本書の出版にあたっては正確な記述につとめましたが、著者や出版社などのいずれも、本書の内容に対してなんらかの保証をするものではなく、内容やサンプルに基づくいかなる運用結果に関してもいっさいの責任を負いません。
※本書に掲載されているサンプルプログラムやスクリプト、および実行結果を記した画面イメージなどは、特定の設定に基づいた環境にて再現される一例です。

※本書に記載されている会社名、製品名はそれぞれ各社の商標および登録商標です。

はじめに

　私は、これまでに需要の予測、顧客の購買推定、機械の故障の検知、適正価格の判断など、機械学習が入ったさまざまなシステムの企画や開発を経験してきました。本書では、それらの経験を通して培った、機械学習を代表する人工知能が搭載されたシステム（以下、人工知能システムと呼びます）のプロジェクトマネージャ（以下、プロマネと呼びます）のためのノウハウを解説します。

　近年、ビッグデータを収集・活用する潮流や、ディープラーニングなどの人工知能の進化によって、あらゆるものに人工知能が搭載されることが期待されるようになってきました。

　一方で、人工知能の処理を実装できる人は、若いITエンジニアを中心に増えてはいるものの、大規模なシステムへの組込みとなると簡単なものではありません。大規模なシステムになるほど、「開発工程において何をするのか」を規定することが重要ですが、人工知能システムの開発で行うことを体系的に整理したものがあまりないからです。

　そこで本書では、**人工知能システムのプロマネがどのように開発を進めていけばよいか**を示すと共に、**何に気を付けたほうがよいか**についてのノウハウを紹介します。

　また、**人工知能システムは、開発後の運用・保守の間に人工知能のメンテナンスを行う必要があります**。このときのノウハウも併せて紹介します。

　通常のプロマネ向けの解説書では、PMBOKなどを基にしたプロジェクトマネジメント手法が記載されていますが、本書はそのような内容は割愛し、人工知能システムに特有の内容に焦点を当てています。したがって、PMBOKなどの方法論を知らない方は、それらの解説書も併せて読むことで、より理解が深まると思います。

　本書にまとめたノウハウを理解することで、読者のみなさんがシステムに人工知能を搭載することの敷居が下がり、世の中に、人工知能を使った仕組みが拡がっていくことを願っています。

はじめに ――――――――――――――――― iii
本書の内容 ―――――――――――――――― xi

実用化されつつある人工知能　　1

1.1 人工知能の定義 ―――――――――――― 2
人工知能とは？ ………………………………… 2

1.2 人工知能の歴史 ―――――――――――― 4
人工知能の歴史は古い ………………………… 4
機械学習を利用したシステムの登場 ………… 5
ディープラーニングの登場 …………………… 6
人工知能ブームが起きた3つのきっかけ …… 7

1.3 人工知能の利用用途 ――――――――――― 9
人工知能の3つの役割 ………………………… 9

1.4 認識の具体例 ――――――――――――― 10
認識とは？ ……………………………………… 10
画像認識 ………………………………………… 10
音声認識 ………………………………………… 12
文章解析・文意認識 …………………………… 13
異常検知 ………………………………………… 15

1.5 分析の具体例 ――――――――――――― 17
分析とは？ ……………………………………… 17
数値の予測 ……………………………………… 17
イベント発生の予測 …………………………… 20

1.6 対処の具体例 ――――――――――――― 23
対処とは？ ……………………………………… 23

行動の最適化 ·· 23
作業の自動化 ·· 26
表現の生成 ··· 29

Chapter 2 通常のシステムと人工知能システムの開発プロセスの違い   31

2.1 人工知能システムの開発プロセス ──── 32
通常のシステムの開発プロセスと人工知能システムの
開発プロセスの違い ·· 32

2.2 企画フェーズでの特徴 ──── 33
企画フェーズとは？ ·· 33
企画フェーズのゴールと成果物 ··································· 33
企画フェーズの期間 ·· 33
企画フェーズで行う主な作業 ······································· 33
企画フェーズで起こりやすい問題 ································ 35

2.3 トライアルフェーズでの特徴 ──── 36
トライアルフェーズとは？ ·· 36
トライアルフェーズのゴールと成果物 ························ 36
トライアルフェーズの期間 ·· 36
トライアルフェーズで行う主な作業 ··························· 37
トライアルを行わないときに起こりやすい問題 ············ 38

2.4 開発フェーズでの特徴 ──── 39
開発フェーズとは？ ·· 39
開発フェーズのゴールと成果物 ··································· 39
開発フェーズの期間 ·· 39
開発フェーズで行う主な作業 ······································· 40
開発フェーズで起こりやすい問題 ································ 41

2.5 運用・保守フェーズでの特徴 ──── 43
運用・保守フェーズとは？ ·· 43
運用・保守フェーズの主な作業 ··································· 43
運用・保守フェーズで起こりやすい問題 ····················· 45

人工知能システムの企画　47

　　案件情報の整理 …………………………………………… 48

3.1 目的の設定 ―――――――――――――――――― 50
　　人工知能のプロジェクトの最終的な目的 ………………… 51

3.2 システム構成の検討 ――――――――――――― 59
　　人工知能システムの構成 …………………………………… 59
　　人工知能システムの構成を検討する際の注意点 ………… 60

3.3 業務フローの作成 ―――――――――――――― 64
　　業務フローはシステム企画の段階で決めておく ………… 65
　　人工知能と人の役割分担のパターン ……………………… 65

3.4 データ選び ――――――――――――――――― 70
　　既存データは5W2Hで探す ………………………………… 70
　　オープンデータに頼りすぎない …………………………… 72
　　ないデータは作る …………………………………………… 72
　　一度分析してから追加データを選ぶのが効率的 ………… 73

3.5 スケジュール検討 ―――――――――――――― 75
　　あらかじめトラブル対策を多めに設定する ……………… 75

3.6 運用・保守方針の検討 ―――――――――――― 78
　　運用・保守作業の意義 ……………………………………… 79
　　人工知能システムの運用・保守の代表的な作業 ………… 79

人工知能プロジェクトのトライアル　83

4.1 トライアルのプロセス ―――――――――――― 84
4.2 分析内容定義 ―――――――――――――――― 86
　　トライアル対象の決定 ……………………………………… 87
　　予測するシステムの場合の問題の定義 …………………… 87
　　運用中に使えるデータを確認しておく …………………… 89

4.3 データ観察 — 90
- データを観察するときのチェックポイント — 90
- 数値データの観察 — 91
- ラベルデータの観察 — 92
- 画像データの観察 — 94
- テキストデータ（自然言語データ）の観察 — 95

4.4 モデル設計 — 97
- モデル設計とは？ — 97
- アルゴリズム検討で重要なこと — 98
- 機械学習の種類 — 98
- 教師あり学習 — 99
- 教師なし学習 — 109

4.5 データの加工 — 114
- データの加工プロセス — 114
- 目的変数の加工 — 115
- 説明変数の加工 — 116
- 異常値処理 — 118
- 学習データのデータ数に関する加工 — 119
- 学習データが画像データの場合の加工 — 121
- 学習データがテキストデータの場合の加工 — 123

4.6 結果の評価（1）－評価指標の決定－ — 128
- 評価指標を決める — 128

4.7 結果の評価（2）－精度の評価－ — 130
- 精度評価は学習データだけでは絶対にやらない — 130
- よく用いる精度評価指標 — 132

4.8 結果の評価（3）－解釈性の評価－ — 142
- モデルの挙動の解釈の方法 — 142

4.9 結果の評価（4）－過学習度合いの評価－ — 144
- 過学習とは？ — 144
- 過学習が発生しやすいケース — 145
- 過学習の確認方法 — 146
- 過学習が起こっているときの対策 — 147

4.10　結果の評価（5）－CASE STUDYでの評価例－ — 149
　　精度の確認 — 149
　　最大誤差率の確認 — 150
　　過学習度合いを確認する — 151
　　発注の高度化の達成可能性を試算する — 153
　　モデルの確認 — 153
　　総合的な評価 — 155

Chapter 5　人工知能システムの開発　161

5.1　開発フェーズのプロセス — 162
　　開発フェーズの4つの工程 — 162

5.2　要件定義工程（1）－計画作り－ — 164
　　人工知能システムの要件定義 — 164
　　成果物の検討 — 165
　　要件定義の体制の検討 — 165
　　要件定義の体制における各チームの構成と役割 — 166
　　要件定義のスケジュール検討 — 167
　　要件定義のためのデータ分析 — 169

5.3　要件定義工程（2）－精度の確認－ — 170
　　精度の良し悪しを見極める — 170
　　精度が悪い対象に対する運用の設計方法 — 172

5.4　要件定義工程（3）－データ量の決定－ — 175
　　適切なデータ量を選ぶ — 175

5.5　要件定義工程（4）－更新方法の決定－ — 178
　　モデル更新の種類 — 178
　　バッチ学習の特徴 — 180
　　オンライン学習の特徴 — 180
　　バッチ学習とオンライン学習のどちらを用いるか — 180
　　モデル更新の頻度 — 182
　　モデル更新時の評価方法 — 184

5.6 要件定義工程（5）
　　－学習データが少ないときの対応方法－ ── 186
　　代替モデルを用いる ……………………………………… 186
　　代替モデルの具体例 ……………………………………… 187

5.7 要件定義工程（6）－異常値処理方法の決定－ ── 189
　　異常値や頻度の少ない値への対処 ……………………… 189
　　要件定義のための分析のまとめ ………………………… 192

5.8 設計工程 ──────────────────── 193
　　設計書の作成 ……………………………………………… 193
　　学習処理の設計 …………………………………………… 194
　　予測処理の設計 …………………………………………… 195
　　結果表示画面の設計 ……………………………………… 197
　　メンテナンス機能の設計 ………………………………… 200

5.9 テスト工程 ─────────────────── 205
　　人工知能システム特有のテスト項目 …………………… 205
　　単体テスト ………………………………………………… 206
　　結合テスト ………………………………………………… 206
　　総合テスト ………………………………………………… 208
　　受入れテスト ……………………………………………… 208
　　リリースのための分析 …………………………………… 209

Chapter 6　人工知能システムの運用・保守　　211

6.1 人工知能を見守る ──────────────── 212
　　人工知能システムの状態の監視における確認項目 …… 212
　　人の直観・知見に合わない結果に対する原因と対策 … 214

6.2 人工知能を育てる（1）－自動再学習－ ─────── 218
　　人工知能の育て方 ………………………………………… 218

6.3 人工知能を育てる（2）－忘れさせる－ ─────── 220
　　トレンドの大幅変化 ……………………………………… 221

説明変数の不安定化 222
　　　学習データ内の異常データ 223
6.4　人工知能を育てる（3）―新しい知識を教える― ── 224
　　　新しい変数の追加 224
　　　データの統合 225
6.5　人工知能と人の協調 ──────────────── 227
　　　人工知能にも不得意なことがある 227
　　　得意・不得意なことを知る 228
　　　人工知能の変化をきっかけに業務ノウハウを
　　　手に入れる 229

付録　*231*

付録A　提案依頼書 ─────────────────── *232*

付録B　開発提案書 ─────────────────── *237*

付録C　トライアル分析提案書 ───────────────── *247*

付録D　トライアル分析報告書 ───────────────── *253*

付録E　WBS ────────────────────── *265*

付録F　機能要件定義書・非機能要件定義書 ─────────── *267*

付録G　要件定義のためのデータ分析結果報告書 ────────── *269*

注 ──────────────────────────── *281*
参考書籍 ───────────────────────── *284*
INDEX ───────────────────────── *286*
おわりに ───────────────────────── *290*

本書の内容

　本書では、これから人工知能システムを開発しようという人を対象に、通常のシステム開発とは異なるところや実践的なノウハウについて説明します。ノウハウは、データの見方、評価の仕方、開発の仕方、運用の仕方などが中心です。

　実践的なノウハウに関しては、人工知能（機械学習）が売上予測を行うシステムを開発することになったケースを題材に解説します。

本書の対象読者

　本書は、主に次のような方々を対象にしています。

- 人工知能システムを開発するプロジェクトマネージャやエンジニア
- 人工知能システムを発注するユーザ企業内の情報システム担当者
- 自分が使っているシステムに人工知能を搭載することを企画する業務部門の担当者

本書が対象にする人工知能

　人工知能といっても、目的や処理には多くの種類があります。本書で扱うのは、主に「認識」「予測」を機械学習で行うようなタイプの人工知能です。また、人工知能に投入するデータとしては、数値データ（例：売上げやセンサー出力）とラベルデータ（例：性別や都道府県）を基本とし、画像データとテキストデータ（ソーシャルメディアの投稿など）も取り上げます。

　一方で、ロボット制御や株式自動売買などの「制御・実行」や、作曲などの「創作」を行うタイプの人工知能は、より応用的であることから本書では取り上げません。これらのシステムを開発したいときには、本書の内容を参考に、それぞれの人工知能の特性に合わせてアレンジをして開発していくとよいでしょう。

本書が対象にしない内容

　本書では、プロマネが一般にシステム開発をする上で必要なマネジメントノウハウについては対象としていません。それらについてはPMBOKなどを解説した書籍を参照してください。

　また、機械学習の各アルゴリズムの原理や数式などは、ほぼすべて割愛しています。これらを実装するエンジニアの方々は、別途学ぶようにしてください。その他に、機械学習の使い方を学ぶ上での基礎知識として、統計の知識を持っているとアルゴリズムの説明が理解できるようになったり、データを見る上での視点がよくなったりするメリットがあります。これらについては、参考になる書籍を巻末にまとめています。

　実際の開発では、さらにツールやデータベースの使い方なども必要ですが、これらについても割愛します。

読者特典ダウンロードのご案内

　本書の読者特典として、付録にある「提案依頼書」「開発提案書」「トライアル分析提案書」「トライアル分析報告書」「WBS」「機能要件定義書・非機能要件定義書」「要件定義のためのデータ分析報告書」のデータをご提供いたします。

　本書の読者特典を提供するWebサイトは次のとおりです。ダウンロードする際には、アクセスキーの入力を求められます。アクセスキーは、本書のいずれかのページに記載されています。

提供サイト

https://www.shoeisha.co.jp/book/present/9784798154053

　ファイルをダウンロードする際には、SHOEISHA iDへの会員登録が必要です。詳しくは、Webサイトをご覧ください。

※コンテンツの配布は予告なく終了することがあります。あらかじめご了承ください。

Chapter 1

実用化されつつある人工知能

本章では、現在までの人工知能の歴史を振り返ります。
また、人工知能が産業で応用されている分野について説明します。
産業応用事例については、「認識」「分析」「対処」の3つに整理して、
それぞれの実例を、人工知能の機能と企業にとっての効果の観点から説明します。

Artificial Intelligence System

アクセスキー **B**
（大文字のビー）

人工知能の定義

 人工知能とは？

　人工知能の定義は書籍や語り手によってさまざまであり、「正解」がありません。後述する歴史をひもといてみても、以前はルールを基に推論するもののことを人工知能としていましたが、近年は機械学習を中心とするルールを自動的に生成するものも、人工知能に含まれるようになっています。このように技術の進化に伴い人工知能の内容は変わっていくものです。

　筆者は、人工知能とは「**人が行う（知的）処理を代わりに行う装置**」のことであると考えています（図1-1）。ここでいう装置とは、多くの場合コンピュータソフトウェアのことです。別の言い方では、次のように「**人の目や手足、耳や計算、会話を代替するソフトウェア**」ともいえます。

- 目 ⇒ 画像認識
- 手足 ⇒ ロボット制御
- 耳 ⇒ 音声認識
- 計算 ⇒ 数値の予測
- 会話 ⇒ 回答文の作成

人の処理

人工知能（AI）技術＝人の処理をコンピュータ化した技術

◆図1-1　人工知能とは人の処理を代替したもの

1.2 人工知能の歴史

 人工知能の歴史は古い

　人工知能という言葉がはじめて登場したのは1950年代です。そのときの人工知能は推論や探索を行うことができるもので、これにより、迷路やパズルを人よりも高速に解けるようになりました。人工知能の期待が高まり、第一次人工知能ブームが訪れました。しかし、このときには、実世界の複雑な問題を解くことができず、ブームは下火になりました。この頃の人工知能を、簡単な（おもちゃの）問題だけに限定された機能だったことから、**トイシステム**とも呼びます。

　その後、第一次人工知能ブームで作られた推論アルゴリズムが発展して、ルールと推論装置によって動く**エキスパートシステム**が登場しました。エキスパートシステムは、ルールと推論処理部（推論エンジンとも呼ばれます）とが独立しているのが特徴です。ルールを整備すれば、そのルールに基づいて推論してくれるので、推論エンジンを作れない人でも知識のメンテナンスができる利点があります。そのことから、医療診断などの分野に拡がりました（例：MYCIN（1970年））。

　1980年以降、コンピュータが発達するにつれ、発展したのが**ニューラルネットワーク**です。ニューラルネットワークとは、人の脳の機能を参考に、脳を模したものをシミュレーションによって作ることを目指したものです。機械がデータから学習してモデルを作るという意味で、「機械学習」の技術領域の1つです。ニューラルネットワークは、後述するディープラーニングの基礎となっているように、表現力が高く、実世界

のさまざまな問題を学習できる可能性のあるアルゴリズムでした。

　エキスパートシステムへの期待が膨らんだことで、第二次人工知能ブームが訪れます。しかし、エキスパートシステムは、高精度にするために行う知識の作成や、知識のメンテナンスに手間がかかりすぎ、限定した対象に実用化されるのみとなりました。また、ニューラルネットワークは、大規模なデータでの複雑な問題については計算量が大きくなりすぎるという難点がありました。そのため、当時のコンピュータの性能の限界から、実際の人の処理に相当するものを作ることができず、下火になりました。

機械学習を利用したシステムの登場

　1990年代以降になって、ニューラルネットワークの代わりに、「**統計的機械学習**」を用いた分類や予測のシステムが進展してきました（機械学習の各アルゴリズムについては4.4で説明します）。この頃から機械学習を利用したシステムが実際に運用されるようになり、今日まで続いています。

　統計的機械学習は、あるデータの値がいくつであるかの確率を、データの頻度や、データとデータの間の関係性などから推定するものです。対象にしている主な問題は、分類や予測です。代表的なものに、スパムメールのフィルタシステム、小売店の発注のための需要予測システム、インターネットショッピングでの商品推薦システムなどがあります。

　統計的機械学習は、分類や予測に使う要因の候補（説明変数や特徴量といいます）を、設計者が選ぶ必要があります。このことから、経験豊富なデータサイエンティストが持つノウハウが必要となるケースが多くあります。しかし、機械学習に詳しいデータサイエンティストの数はまだ多くなく、機械学習を用いたシステムの開発において、データサイエンティストの確保が課題となっています。

ディープラーニングの登場

2010年代になって、統計的機械学習と比較して下火となっていたニューラルネットワークが、「**ディープラーニング**」の登場によって再度盛り上がります。きっかけは、2012年に行われた画像認識コンテストでした。このコンテストにおいて、これまで用いられていた統計的機械学習の精度を圧倒的に上回る結果を出したことで、ディープラーニングは画像認識の標準的な方法となり、その後、音声認識や文章解析などにも応用されるようになりました。

ディープラーニングは、日本語では**深層学習**といわれます。ニューラ

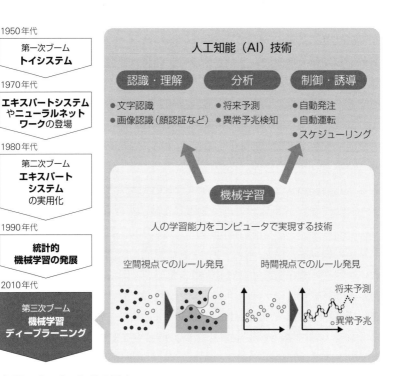

◆図1-2　人工知能の歴史

ルネットワークを多層に重ねた構造をしていて、最初のほうの層ではデータのおおまかな特徴を表現するネットワークができあがり、深い層になると細かな特徴を表現するものが自動的にできあがります。利用者にとって、ディープラーニングの最大の特徴は、特徴量をあらかじめ与えなくても内部で自動的に作ることです。

このことから、学習データが大量にあるときに、データサイエンティストが試行錯誤することなく、高い精度を達成することができることがあります。

ディープラーニングは、さまざまな分野に応用されています。たとえば、DeepMind社（現Google社）が開発した囲碁ソフトウェアが、2017年に当時世界最強といわれた柯潔氏を破りました。このソフトウェアは、ディープラーニングを応用して作られています。

人工知能ブームが起きた3つのきっかけ

ディープラーニングの登場によって、人工知能は、2010年代になって第三次ブームといわれるようになっています。きっかけは、次の3つが組み合わさったことです。

①**コンピュータの進化**
プロセッサやストレージが進化したことによって、大規模な計算もコストをかけずに行えるようになりました。特に、ディープラーニングではGPUという新しいプロセッサの開発が進み、これまで以上に多量の計算を行えるようになったことでブレイクスルーを迎えることになりました。

②**ビッグデータ（IoT）時代の到来**
センサーやクラウドコンピューティングが発達したことで、これまでよりも多種のデータが集められるようになりました。

③機械学習アルゴリズムの発展

　ディープラーニングなどの機械学習アルゴリズムが発展し、認識・予測・最適化などが高度に行えるようになりました。

　機械が賢くなる元の情報（データ）も、賢くなるための手段（ハードウェアとアルゴリズム）も手に入ったことで、一気に進化することができたのです。

1.3 人工知能の利用用途

人工知能の3つの役割

前節で説明したような発展を経た今、人工知能はさまざまな仕事に使われるようになってきています。代表的な例を整理します（人工知能のユースケースについて詳しく知りたい方は、『人工知能の未来2016-2020』（日経BP社）などの書籍を参照してください）。

人工知能の役割を大きく分けると、「**認識**」「**分析**」「**対処**」に分けることができます。たとえば、図1-3のように、渋滞の状況を把握して（認識）、その結果から未来の渋滞を予測して（分析）、信号機を自動制御する（対処）というステップで動作させるものです。実際のケースでは、この例とは違い、「認識」「分析」「制御」のいずれかを人工知能が行い、残りを人が実施したり、人工知能を使わないシステムで実施したりすることが多いです。

次節からは、「認識」「分析」「対処」の具体例を、個別に説明します。

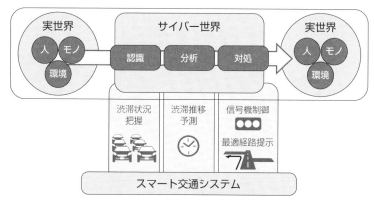

◆ 図1-3　人工知能の役割

認識とは？

 現在の人工知能が得意とすることの1つに、**情報の認識**があります。対象のデータ（文章データ、センサーデータ、画像データなど）が何を意味するのかを、過去の傾向から推定するものです。
 以下、認識の具体例について、代表的なものを紹介します。

画像認識

 ディープラーニングなどによって**画像認識**が非常に進化しました。そこで、次のような業務が人工知能によってサポートされるようになってきています。

▶ 顔認証

 顔認証とは、あらかじめ人の顔を学習しておき、目の前に現れた人が学習された顔の中のどの人かを推定するものです。空港やビルのゲートを顔認証で行うことは、既に多数の実例があります。他に、店舗やアミューズメントパークの入場を自動で行うことや、決済を自動で行うことなども顔認証を用いて実用化されようとしています。

▶ 監視業務

 警察や施設の警備といった、人の監視を行う業務は人工知能と相性が

よい分野です。犯罪防止という目的では、不審者を見付けることや、違反走行車両（二人乗りや逆走など）を検知することにも応用できます。

また、安全の担保という目的でも使われます。たとえば、工場内で危険な区域にヘルメットなしで立ち入った人に警告することや、迷子になった子供を探すことに用いられます。

▶ 医療診断

医療の診断においても、画像認識を用いた取り組みが始まっています。たとえば、胃や腸などの内視鏡が撮影した画像から悪性のポリープを見付けることが実験され始めています[※1]。

他にも、レントゲン画像や超音波画像、CT検査画像、病理画像の解析においても機械学習を用いた診断支援が行われるようになるといわれており、研究レベルでの取り組みが開始されています。

▶ 検査・検品

製造業は、生産工程の中でさまざまな検査を行っており、その中に画像による検査があります。製品の表面を撮影し、傷や割れ、凹み、汚れなどがないかを検査するものです。傷のパターンなどを覚えておいて、それに合致するかどうかを人工知能が判定します。

また、農産物においては、良・不良の判定だけではなく、大きさや色、形から等級を判定するのにも使うことができます。判定した等級を基に自動で箱詰めをするのです。

▶ 画像の整理

SNSにアップロードされた画像のタグ付けなど、画像の整理を行うためのタグ付けを自動で行うものです。たとえば、Googleフォト[※2]はアップロードされた写真を解析して「車」「子供」などのタグを自動的に付け、検索に用いることができます。これも「車」などの画像を機械学習が大量に学習しておくことによって実現しています。

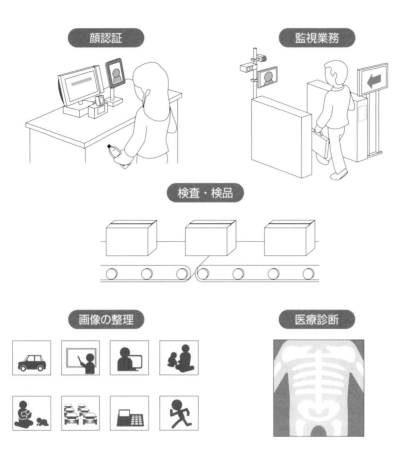

◆図1-4　画像認識の具体例

◈ 音声認識

　音声認識は、人が話した音声データを文章に変換するものです。音声データは、マイクが計測（センシング）した波形情報であり、その波形がどんな文章に相当するのかを機械が推定します。音声認識も画像認識と同様に、ディープラーニングなどの機械学習の進化によって精度が向上しています。音声認識の応用には、次のものがあります。

▶スマートフォンやパーソナルコンピュータなどの入力

　特にスマートフォンの音声入力に用いられており、情報検索やアプリケーションの起動などに用いられています。

▶議事録の自動作成

　オフィスの会議や議会・裁判所などの記録の作成を支援するものです。議事録の自動作成には話者の識別が重要ですが、周波数情報などから発話ごとに同一人物かどうかを判定する仕組みも開発されています。人は人工知能が作成した議事録が間違っているところを修正するだけなので、議事録作成コストを大幅に削減することができます。

▶コールセンターの補助または代替

　コールセンターでの通話を認識して、会話の記録を作成したり、認識結果を基に次の通話の候補を提示したりするものです。

　さらに応用として、感情を認識するものもあります。通話相手が怒っていることを検知し、迅速な対応やその後の教育に活かすのです。

文章解析・文意認識

　文章に何が書いてあるのかを識別するものです。多くの場合、文章から単語を分解する「形態素解析」と呼ばれる部分、単語の同義語や概念を記述した辞書、係り受け解析（単語間のつながりの解析）や機械学習などで意味を理解する部分で構成されます。

　文章解析をシステムに応用した例には、次のものがあります。

▶不正文章検知

　企業の中の文書を調べて、不正の可能性があるものを検知するものや、インターネットの掲示板内に投稿される文章の中から犯罪行為にあたるものを検知するものです。これらの文書は大量にあるため、人力で

◆図1-5　音声認識の具体例

検知するには限界があります。人工知能を使うことで人がチェックするよりも多くの不正を検知することができます。

▶ニーズの把握

　営業日報や顧客アンケート、インターネット上の投稿から、商品の評判などを取り出すものです。

▶過去の類似事例検索

　故障や事故が起こったときの対応を決めるために、過去の対応記録から今の状況に近い記録を検索するものです。同じようなものとして、症状に近い過去の医学論文や顧客の要望に近い過去の提案書を検索するようなものもあります。

◆ 図1-6　文章解析・文意認識の具体例

異常検知

　異常検知は、過去の異常状態を学習しておいてそれに類似するものを検知するタイプのものと、通常状態を学習しておいてそれと異なる場合に異常だと判断するタイプのものがあります。ここでは、両者を区別せずに、どちらも異常検知とします。異常検知の応用事例には、次のようなものがあります。

▶故障の検知
　プラントや工場、通信機器などの設備が、通常と違う動作をしているときに故障の可能性があると検知するものです。

▶ **不審行動検知**

社員の情報システムのアクセス状況など、通常と異なる行動をしているときに、不審な行動の可能性があると検知するものです。また、不正取引の検知などにも人工知能を使う取り組みが始まっています[※3]。

▶ **デフォルトの検知**

企業や個人の入出金や取引の状況が通常と異なるときに、返済不能など異常状態の可能性を検知するものです。

◆ 図1-7　異常検知の具体例

分析とは？

分析とは、人工知能が過去の傾向を基に、未来や今の状況を推定するものです。多くは「予測」するものになります。

以下、分析の具体例について、代表的なものを紹介します。

数値の予測

売上げデータなどは長い間データベースに蓄積されているものが多くあるため、数値を予測するシステムに関する多数の実例があります。

▶売上げなどの需要予測

過去の売上げを学習して未来の売上げを予測するものです。売上げを予測する企業は、小売業・製造業・卸売業を中心に多岐にわたります。

コンビニエンスストアやスーパーマーケットのような小売業では、売上げを予測して、現在の在庫量と総合して発注量を決めることに用います。また、機械が学習した結果を基に、キャンペーンやイベントがあったときの売上増を予測して、販促計画を立てるのに用いることもあります。小売業の需要予測は、カレンダー特性（曜日、祝日かどうか、給料日であることが多い日など）、気象情報やテレビCM、Webでの評判など、企業外のデータを併せて予測することが多いです。翌日から1週間後くらいまでの近未来を予測することが多く、人工知能の効果が出やす

い代表的な対象です。

　製造業では、需要を予測して、現在の在庫量と総合して生産量を決めることに用います。製造業の需要予測では、部品や原料の調達のリードタイム（注文から到着までの時間）を勘案すると、数カ月後や1年後などの予測をすることもあり、人工知能を用いても予測が難しいことがあります。しかし、近年では経済指標や物価などマクロ経済データを容易に手に入れられるようになったことなどから、需要予測の高度化に取り組む企業も増えてきています。

▶株価や経済指標の予測

　株取引は、人工知能が多く使われている分野です。人工知能が近未来に買い注文が多くなる銘柄を予測し、先に株を購入しておくことで利益を得るものです（またはその逆で近未来の売り注文過多を予測します）。今やほとんどすべての証券会社や銀行などで人工知能の活用が進められています。

　また、経済指標の予測にも取り組みが始まっています[※4]。世間の売上げや景況感の認識から、現在や未来の景気を推定するものです。

▶所要時間の予測

　自動車、船舶や航行機の所要時間などを、渋滞や悪天候などとの関係から予測するものです。渋滞の予測はさまざまなところでトライされていますが、渋滞を予測するだけではなく、信号制御や交通規制を行うことで渋滞解消のための取り組みが始まろうとしています。

▶劣化の予測

　電線・道路・水道・蓄電池など、長時間かけて劣化していくタイプのものについて、どれくらいの期間で劣化するかを予測するものです。劣化の予測結果を基に、メンテナンス計画の策定をします。

　このようなもののメンテナンスは、従来、新品のときからの経過時間

または使用回数などで修理や交換を行うTime Based Maintenance（TBM）で行われていました。それに対して、センサーが劣化状態の計測をして、人工知能が劣化状態を推定することで、危険なところから順にメンテナンスするCondition Based Maintenance（CBM）が徐々に拡がっています。

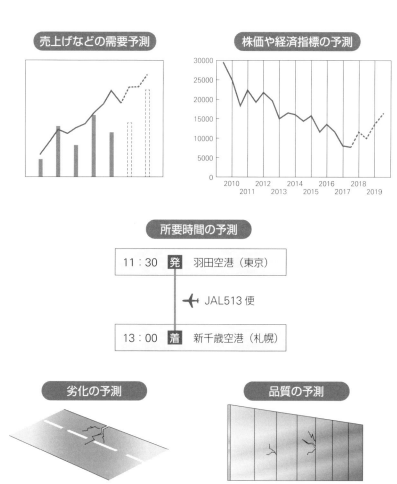

◆図1-8　数値の予測の具体例

▶ 品質の予測

　生産工程での不良率を予測するものです。温度や流量などの製造条件や、原材料の組成などから不良になる確率や量を人工知能が推定します。人工知能が不良率を事前に推定することで、なるべく不良が少ない製造条件を設定することができ、不良による損失を抑えることができます。

イベント発生の予測

　数値と同様に事例が多いのは、「起こるか」「起こらないか」というタイプの、**イベントの発生を予測するもの**です。以下に代表例について説明します。

▶ 購買や解約の予測

　顧客のデータベースを基に、商品・サービスの購買や解約を予測するものです。顧客の過去の購入履歴やWebのアクセスログ、サービスの利用状況などと、将来の購買や解約との関係を機械が学習することで予測を行います。顧客別に、購買や解約しそうな確率を人工知能が提示することで、営業員が訪問する顧客や電話をする顧客の優先順位を決めたり、ダイレクトメールの送付先を決めたりすることに用います。

　人工知能が購入可能性を予測しようとしても、購入を100％予測できることはありません。しかし、闇雲に顧客を選別するよりも高い精度で購入する顧客を選ぶことができ、営業の効率が上がり、結果として売上が上がるという効果があります。

▶ 故障の予測

　18ページで劣化の予測について説明しましたが、同様に、故障の可能性を予測することがあります。ただし、劣化の予測と違い、徐々に進行していくタイプのものだけではなく、予兆なく突発的に発生する故障

も推定しなくてはならないところが異なります。

▶疾病の発症予測

　診療データや健康診断のデータが蓄積されるようになり、疾病の発症予測を人工知能が行う取り組みが進むようになりました。たとえば、敗血症の発症予測を機械学習が行う取り組みが開始されています[※5]。

　しかし、入院患者のデータに関しては定期的な検査データを得られる可能性があるものの、通院患者のデータは検査が不定期になることや患者の行動を把握しきれないことなどから、人工知能に適していないことがあります。

　そこで、日本でよく用いられているのが健康診断のデータです。健康診断は同じ項目を定期的に検査する上、多人数のデータであるため人工知能による予測に適しています。現在、健康診断のデータから生活習慣病の発症可能性を予測するような取り組みが始まっています[※6]。

▶相性の予測

　相性の予測とは、マッチングとも呼ばれます。一例として、Webサイトを訪れたユーザに、どの広告を提示したらよいかを推定するものがあります。この場合、過去に広告効果があったデータを基に、ユーザの属性（年齢・性別・過去の購買履歴など）と、広告の属性（商品タイプや価格など）の関係を学習しておくことで実現します。

　マッチングで近年盛んなのが、採用の支援です。過去に選考を通過した応募者のエントリーシートを学習しておいて、選考作業を人工知能が行うことで、人が行う選考作業のコストを削減するものです。採用を支援する人工知能のサービスは多数あり、既に実運用されている例もあります[※7]。選考を通過するかどうかを予測するだけではなく、離職可能性を予測することにも応用されています。

　他にも、教師と生徒の相性を推定することへの取り組みなどが始まっています[※8]。

◆図1-9　イベント発生の予測の具体例

1.6 対処の具体例

対処とは？

対処とは、人工知能が実際に何かしらの行動を自動でするタイプのものです。「制御」「実行」なども類似の意味で用いられます。以下に対処の例について整理します。

行動の最適化

行動の最適化とは、人工知能に何かしらの行動基準（どうなったらよいか）を与え、行動を決めるものです。以下に具体例を挙げます。

▶ **在庫の最適化**

在庫の最適化は、古くから取り組まれているもので、売上げの予測結果に基づき、小売店での発注や製造業での生産量を自動決定するものです。決定のためには、人工知能に、生産コスト、在庫コスト（倉庫などのコスト）、廃棄コスト（一定期間経過したときに廃棄する場合の損失）、物流コストなどを与えます。人工知能は、売上予測とコストを組み合わせて、コストに対する利益または売上げが最大になるように在庫をコントロールします。人工知能による在庫の最適化は、コストを少なくするだけではなく、発注処理を行う人の人件費を削減することにもつながります。

▶ **広告の最適化**

　広告の出稿タイミングや出稿先を決定するものです。特にインターネット広告に関しては、その反応（クリックされたか、Web サイトに来たあとに購入したかなど）がデータ化しやすいことから、いつ、どの出稿先に広告を出したときにどんな反応量になるのかを予測して、出稿先を決めることができます。

　インターネット広告は、出稿先を頻繁に変えることも容易なことから、人工知能による自動化が進みやすい領域であり、今後も拡がっていく見込みです。

▶ **キャンペーンの最適化**

　値下げや販促などのキャンペーンを行ったときに、どれくらい売上げが上がったかを学習しておいて、次に行うキャンペーンを自動決定するものです。

　特に値下げに関しては、価格データが人工知能にとって取り扱いやすい数値データであることから、自動決定しやすいものであり、売上向上の効果が見込まれるほか、値下げ計画作成者の手間を大幅に減らすことができます。

　行動の最適化には、上記の他にも次の可能性があります。これらは実験レベルでは事例があり、近いうちに実用化されていく可能性があります。

▶ **出店の最適化**

　売上げと店の立地の関係を学習しておいて、出店候補地の中でどこの売上げが多くなるかを予測して出店場所を決定するものです。出店候補地を自由に選べないことや、競合店舗の情報など土地の情報が収集しきれないことなどから完全な自動化には現在はまだ壁があります。

▶配送の最適化

　各配送経路にかかる時間と配送期限情報を基に、最短時間で回ることができるルートを決めるものです。実際は、各配送先の不在可能性や出荷時の積込みの都合など考慮しなければならない要因が多く、人工知能にすべての要因を入力するのが困難なことも多いです。

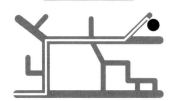

◆図1-10　行動の最適化の具体例

作業の自動化

作業の自動化とは、人が行っていた機械の操作や情報検索などの作業を人工知能が代わりに行うものです。以下に具体例を挙げます。

▶自動運転

車の自動運転は人工知能の適用例で最も有名なものの1つです。国土交通省やNHTSA（米国道路交通安全局）の整理によれば[※9]、車の自動運転は図1-11のようにレベル分けされています。

レベル		概要	実現するシステム
0	情報提供型	ドライバーへの注意喚起など	安全運転支援システム
1	単独型 （自動制御活用型）	加速・操舵・制動のいずれかの操作をシステムが行う状態	安全運転支援システム
2	システムの複合化 （自動制御活用型）	加速・操舵・制動のうち複数の操作を一度にシステムが行う状態	● 準自動走行システム ● 自動走行システム
3	システムの高度化 （自動制御活用型）	加速・操舵・制動をすべてシステムが行い、システムが要請したときのみドライバーが対応する状態	● 準自動走行システム ● 自動走行システム
4	完全自動走行 （自動制御活用型）	加速・操舵・制動をすべてシステムが行い、ドライバーがまったく関与しない状態	● 完全自動走行システム ● 自動走行システム

◆図1-11　自動運転のレベル分け

これらの中では、レベル2までが実用化されています。

レベル0は、たとえば後方走行しているときに、車が後方の壁にぶつかりそうになったら警告音が鳴るようなものです。

レベル1は、レベル0に加え、ブレーキの自動制御を行うことで、衝突を防止するものです。

レベル2は、特に高速道路などで、アクセルやブレーキ、ハンドルの

制御を行うものです。Tesla社の車で実用化されているのが有名ですが、何らかの自動制御システムは、ほとんどすべての自動車メーカーが搭載しています。

　高速道路でのアクセルやブレーキの自動操作をクルーズコントロールまたは車間距離維持システム、ステアリングの自動操作をレーンキープアシストシステムと呼ぶことがあります。

　レベル0から2までの自動制御の基本となっているのは、カメラやセンサーによる計測データを基にした周辺状況認識であり、ここに人工知能が用いられています。前方何mに人がいるかどうかの判定や、対向車がどこにいてどれくらいの速度で走っているかの認識を行って制御を決定するためのインプット情報にします。

　自動運転は、ドライバーが死傷する事故なども起こっており、レベル3や4が完全に実現されるのはまだ先だともいわれています。しかし、人工知能が搭載された装置が一般消費者と接する代表的な装置なので、人が人工知能を活用しながら生活していくことが文化として受け入れられていくきっかけになるものと期待されています。

▶ロボット制御

　工場などで動く産業用ロボットの制御において、画像認識結果を基に制御を決定するものです。ものをつかんだり、キャップの開け閉めをしたりといった作業は、対象物を何度もつかむような試行錯誤を行うことができることから、**強化学習**という機械学習の一種が適しており、近年取り組みが進んでいます[※10]。強化学習とは、何度も制御をトライしていきながら失敗と成功を学習していき最終的によい制御方法を作ることができるようなアルゴリズムであり、ディープラーニングとの相性もよく、近年発展している技術です。

▶Q&Aの自動化

　IBM WatsonやMicrosoft Azure Bot Serviceなどの自動応答シ

ステム（チャットボットと呼ばれることが多いです）によって、コールセンターの代わりに人工知能が応答してくれるものが拡がっています。Q&Aを人工知能に学習させておき、ユーザが問いかけてきた質問に対して登録済みのQ&Aの中から近い質問を探して応答を提示するものが基本です。さらに、ユーザの目的を達成するまでのナビゲートを行うような、「タスク指向型」と呼ばれるものも開発が進んでいます。

　自動応答システムによって、簡単な質問や夜間の質問は人工知能が対応しておいて、人のオペレータは高難度の質問に集中して従事できるといった効果があります。

　さらに、2017年になって、スマートスピーカーと呼ばれるスピーカー型の自動応答装置が一般家庭にも置かれるようになりました。2017年では、テレビなどの電子機器の操作や、天気やニュースの読み上げなどが主な用途ですが、その用途は拡大していくことが見込まれます。たとえば、海外を中心に、ホテルのコンシェルジュサービスをスマートスピーカーのような自動応答システムが行う取り組みが始まっています。

◆図1-12　作業の自動化の具体例

表現の生成

 表現の生成とは、画像や文章を生成するものです。最適化などと違って、明確な評価基準を設けづらいものも多いため、性能の評価が難しい分野ですが、実例が出始めています。

▶翻訳

 文章の翻訳は、文章生成の中で最も多く使われている分野です。Google社のGoogle翻訳などによって、ディープラーニングを応用した翻訳が実用化されています[※11]。英語の文章と対になる日本語の文章をペアで学習させておいて、ユーザが入力した英語の文章に対してもっともらしい日本語を出力するものです。Google翻訳では現在10以上の言語に対応しており、多数の人の間のコミュニケーションを円滑にするのに役立っています。

▶要約

 長文の文書を基に、同じ内容を短文で説明する文章を生成するものです。文章の中から特徴的な単語を抽出し、さらにそれを説明する抽象概念と併せて要約を生成するようなアルゴリズムが研究開発されています[※12]。ニュース記事のヘッドラインの自動生成が取り組まれており、ニュースの読者が目当ての記事にたどり着くことを容易にしています。

▶画像生成

 画像生成は、さまざまな方法が研究開発されています。2017年現在、有望な技術として取り組まれているのは、DCGAN (Deep Convolutional Generative Adversarial Network) というアルゴリズムで、大量の画像を学習することで、学習した画像内に共通する特徴を基に、ありそうな画像を生成するものです。

 他にも、モノクロ写真をカラーにするもの[※13]や、手描きの絵を基に

登録されているイラストに変換するもの※14があります。

これらの画像生成技術がさらに発展し、将来的には創作行為を人工知能がすることが期待されています。

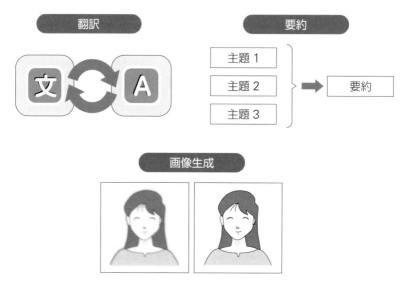

◆図1-13　表現の生成の具体例

Chapter 2

通常のシステムと人工知能システムの開発プロセスの違い

本章では、人工知能システムを作り運用するまでの、
典型的なプロセスについて解説します。
企画、トライアル、開発、運用・保守のそれぞれのフェーズにおいて、
人工知能システムの開発が通常のシステム開発と異なる点について説明します。

Artificial Intelligence System

アクセスキー **8**
(数字のはち)

2.1 人工知能システムの開発プロセス

通常のシステムの開発プロセスと人工知能システムの開発プロセスの違い

通常のシステムの開発プロセス[※1]と人工知能システムの開発プロセスは、大きく次の3点が異なります（図2-1）。

① 企画フェーズのあとにトライアルフェーズがあること
② 開発フェーズ内の要件定義時や納品前に、データ分析を行うこと
③ 運用フェーズにおいて人工知能システム特有の運用・保守（人工知能のモニタリングやメンテナンス）を行うこと

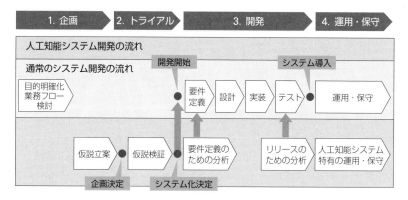

◆図2-1 人工知能システム開発の流れ

次節からは、それぞれのフェーズのポイントについて、プロジェクトマネージャの頭を悩ませやすい問題と共に説明します。

2.2 企画フェーズでの特徴

企画フェーズとは？

　企画フェーズでは、人工知能を活用する目的を規定し、システム構成や使うデータの仮案を作り、プロジェクトの計画を作成します。

　人工知能システムの場合も、通常のシステム開発と同様に、発注側がRFP（提案依頼書）などの要件を作り、受注側が提案書や計画書などを提出するという形になります（発注側がシステム企画書を作る場合もあります）。

企画フェーズのゴールと成果物

　企画フェーズは、システムの目的や利用データなどの**コンセプトを決定する**ことで完了します。その成果物として、システム提案書（企画書）として作成します。

企画フェーズの期間

　標準は1カ月程度のことが多いですが、大規模なプロジェクトの場合は2〜3カ月程度かけることもあります。

企画フェーズで行う主な作業

　企画フェーズでは、次のような作業を行います（なお、企画フェーズで行うことの詳細はChapter 3で説明します）。

▶目的明確化

何のためにシステムを作るのかを検討します。人工知能システムの場合は、「何となく人工知能を入れてみたい」という考えで企画がスタートすることも多いです。そこで、「そもそも人工知能を使わなくてもよいのではないか」ということをこの段階で検討することが大事です。

▶業務フロー検討

人工知能を、誰が、どんなタイミングでどのように使うかを検討します。通常のシステムと違い、人工知能システムは、「オペレーションを人工知能が決定して自動実行する」場合と、「人工知能の結果を基に人がオペレーションを決定して実施する」場合では必要とする出力や精度などの要件が大きく異なります。

また、運用・保守などシステムを維持するために必要な業務も検討しておく必要があります。運用を考えないでトライアルを実施してしまうと、開発や運用時に想定以上のコストがかかって頓挫する可能性が増えるからです。

▶データ検討

目的を明確化したあとに、**どんなデータを人工知能に入れると目的を達成できそうか**という仮説を立てます。実際の分析は次のトライアルフェーズで行いますが、この段階で利用するデータの仮説は立てておきます。早めにデータの検討を行うことで、そもそもデータ不足であり、

	目的明確化	業務フロー検討	データ検討
通常の システム開発	システムの利用目的	業務システムのユースケースの定義	─
人工知能の システム開発	同上（人工知能を使う真の目的を定義する）	同上。ただし、人工知能の役割を人と同様に定義する必要あり	人工知能に入れるデータの仮説立案

◆図2-2　企画フェーズでの通常のシステム開発と
　　　　　人工知能システム開発の違い

データ整備に時間と費用がかかる可能性に気付くことができ、あと戻りすることを防止できます。

企画フェーズで起こりやすい問題

企画フェーズで前述の作業をしっかり行うことができず、すぐにトライアルや開発を行うと、次のような問題が起こりやすくなります。

問題1　実は必要なかった人工知能

目的を精査せずに開発したことで、ユーザの真の悩みごとを解決していないなど、本質的な価値を達成できないものを作ってしまう問題です。できあがったものを確認したら、「実は、これは人工知能でなくてよかった」という残念な状態になってしまうのです。

問題2　使い手を無視した人工知能

人工知能システムを使う人のスキルや使うシーンを考慮せず、誰も使うことができないシステムを作ってしまう問題です。

たとえば、システムのユーザが人工知能のアルゴリズムや元データを理解していないことで、システムが人工知能の挙動の理由を説明する必要があることが考えられます。

他にも、ユーザの暗黙知を人工知能に投入しきれず、ユーザのほうが優れた判断を行うことができると思われるケースでは、人工知能の結果とユーザの判断を融合するような機能が必要になることもあります。

問題3　データ整備が先だった

トライアルを行ってから、「データ不足です」ということになり頓挫してしまう問題です。正確な結果は人工知能に学習させないとわかりませんが、それでも、ある程度の見込みを先に立てることで企画倒れになることを防ぐことができます。

2.3 トライアルフェーズでの特徴

トライアルフェーズとは？

　トライアルフェーズでは、人工知能の有効性の確認やアルゴリズムの選定などのために、**トライアルの分析**を行います。
　トライアルはPOC（Proof Of Concept）と呼ばれることもあり、プロジェクトの目的を達成できるかを、簡易なシステムやデータで確認するものです。

トライアルフェーズのゴールと成果物

　仮説が検証できたかどうか、システム化するだけの価値がありそうかどうかの検討結果を得ることで、トライアルフェーズは完了します。
　成果物は、トライアル計画書とトライアル結果報告書であり、システム化する際の設計案や要件リストなどが副次的に追加されることがあります。

トライアルフェーズの期間

　標準は2～3カ月程度のことが多いですが、大規模なプロジェクトの場合は6カ月程度かけることもあります。また、机上で精度を確認する「机上検証」と、一部のユーザに結果を提示して運用を行ってみることで課題の整理や効果の確認をする「フィールド検証」の2つのトライアル

を行うこともあります。その場合、トライアルフェーズの期間は長くなります。

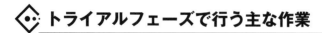 トライアルフェーズで行う主な作業

トライアルフェーズでは、次のような作業を行います（トライアルフェーズの詳細な手順についてはChapter 4で説明します）。

▶データの加工

人工知能の学習前に、データを適切に加工する作業です。人工知能の代表的な構成要素である機械学習は、入力前に異常値の処理などを適切に行うことで、精度が向上することが多いからです。

▶アルゴリズムの選定と実行

目的に即したアルゴリズムを選定して、学習した結果を出力する作業です。アルゴリズム選定においては、企画フェーズで決定した業務フローに合う方法を選択することが重要です。

▶結果の評価

人工知能が出力した結果を評価します。精度の良し悪しを評価することが基本ですが、モデルの適切性など他の評価を併せて行うことも多いです。また、機械学習は過学習[※2]という「学習データに合わせすぎてしまうことで、運用中にかえって精度が落ちてしまう」現象が発生しづらいように注意することが重要であり、そのため、トライアル段階から過学習度合いを調べ、問題になるかどうかを評価します。

トライアルを行わないときに起こりやすい問題

トライアルを行わずにシステム開発を行うと、次のような問題が起こりやすくなります。

問題1 低い精度

データ上、精度が出ない可能性があるものの開発を開始してしまい、企画が成立しないことに気付くのが遅れてしまう問題です。特に学習するのに十分なデータがないケースや、分析する対象が運用中に頻繁に変わるようなケースで起こりやすい問題です。

問題2 低いカバー範囲

人工知能の効果がありそうだと考えて開発に着手したものの、人工知能に不向きである例外的な対象が予想以上に多いことにあとになって気付く問題です。分析対象ごとのデータ量にバラつきがあるケースで起こりやすい問題です。

問題3 際限なきデータ要件の追加

分析の精度を上げるためにデータの種類を増やしていくことがありますが、これを開発フェーズが開始したあとに際限なく行ってしまう問題です。その結果、スケジュールの遅延や開発工数の増大を招きます。想定するデータの種類が少ないケースで起こりやすい問題です。

2.4 開発フェーズでの特徴

開発フェーズとは？

開発フェーズでは、通常のシステムと同様に、設計や実装、テストなど、システム導入までの作業を行います。他に、**要件定義（設計）のための分析とリリースのための分析を行う**ことが人工知能システムの特徴です。

開発フェーズのゴールと成果物

開発フェーズでは、**システムを完成させること**がゴールになります。
ただし、システムはリリース時点で何らかのデータが学習されている状態で運用開始することが通常です。そのため、本フェーズの成果物は、開発したシステムやマニュアル、仕様書、テスト報告書など、通常のシステム開発の成果物の他に、「**学習済みの人工知能のモデル**」となります。

開発フェーズの期間

開発フェーズの期間については、関係する業務システムの改造量やUIの充実などによって大幅に変わるため、標準的な期間を定義するのは難しいです（半年〜1年程度で開発するものが、比較的よくある期間と考えられます）。

開発フェーズで行う主な作業

　開発フェーズでは、次のような作業を行います（開発フェーズの詳細な手順についてはChapter 5で説明します）。

▶要件定義・要件定義のための分析

　システムの機能や性能の要件などを決めます。人工知能システムの要件定義の際には、データ分析を行います。

　人工知能は、トライアル段階で有効なことがわかっても、システムに組み込むためには、人工知能に入れるデータ量、人工知能の更新方法、人工知能の更新頻度、異常値処理方法など、さまざまなことを決めなくてはならず、そのための分析が必要となるからです。この分析は、人工知能システム特有のものとなります。

▶設計

　画面や処理の動作フローを設計します。通常のシステムの開発と同様ですが、人工知能システムの場合、学習部におけるモデル更新（再学習）のフローや、予測部における予測処理のフローなどを追加で設計する必要がある点が特徴的です。

▶実装

　設計に基づいて、画面、人工知能の学習部、人工知能の予測部（推定部）、データベースなどを実装や配置し、設計したフローが動くようにします。

▶テスト・リリースのための分析

　実装したシステムのテストを行います。テストの際に通常のテスト項目の他に、最終的にシステムをリリースする際の人工知能の状態をテストします。

リリースする段階のデータは、要件定義やトライアルを行ったデータとは期間が異なり、過去に行った分析と変わらない結果であるかを確認するためです。この分析は、人工知能システム特有のものとなります。

	要件定義	設 計	実 装	テスト
通常の システム開発	機能要件・非機能要件の決定	画面や動作フローの設計	画面・データ入出力・表示処理などの実装	要件を満たしているかの試験・評価
人工知能の システム開発	（上記に加え）要件決定のためのデータ分析の実施	（上記に加え）学習部・予測部の動作フローの設計	（上記に加え）学習部・予測部の実装	（上記に加え）リリース時の人工知能のモデル作成と状態の評価

◆ 図2-3　開発フェーズでの通常のシステム開発と
　　　　　人工知能システム開発の違い

開発フェーズで起こりやすい問題

開発フェーズにおいて、分析を行わないと、次のような問題が起こりやすくなります。

問題1　多すぎる学習時間

目的を満たすのに必要なデータ量は少ないにもかかわらず、蓄積されている限りのデータを人工知能に入れて実行することによって、想定以上の実行時間やハードウェア環境が必要になってしまう問題です。売上げデータやCRMデータなど、データ量が膨大になりやすいデータベースを対象にしているケースで起こりやすい問題です。

問題2　人工知能の劣化

システムをリリースした直後には安定した性能を出していたのに、運用していくにつれ段々精度が劣化していく問題です。トライアル時に、

トライアル用のデータに過度に合わせすぎてしまうケース（過学習）や最新のデータにメンテナンスするのに手間がかかるケースで起こりやすい問題です。

問題3　人工知能の過度な変化

人工知能を更新したときに、元の状態からあまりに変化してしまうことによって、ユーザが人工知能の変化に戸惑ってしまう問題です。ランダム性の強いアルゴリズムを採用したケースや、新商品が多いなど人工知能が知らないデータが次々増えるようなケースで起こりやすい問題です。

2.5 運用・保守フェーズでの特徴

運用・保守フェーズとは？

運用・保守フェーズでは、通常のシステムの保守のほか、**人工知能のメンテナンス**を行います。人工知能がデータを学習する部分は、通常のシステムと異なり、「仕様通りに動作はしたが、人から見て意図しない状態になる」ことがあり得ます。そこで、学習結果や人工知能の動作状況を確認する必要や、人の知見を基に人工知能を修正していくことが必要です。

運用・保守フェーズの主な作業

運用・保守フェーズでは、主に次のような作業を行います。

▶**システムの状態監視**

システムが想定通りの状態で動いているかを監視します。

通常のシステムの場合は、システムがバグなく動作しているか、速度などの性能が劣化していないかを監視するものです。

人工知能システムの場合は、それに加えて、人工知能の結果の精度が大幅に悪化していないか、ユーザの知識と著しく異なる異常な結果が出ていないかを監視します。

▶ **システムの不具合への対応**

　システムが不具合を起こした場合に原因を分析して対策します。

　通常のシステムの場合は、想定通りには表示がされない、処理が異常に遅いなどの不具合に対応することが中心です。

　人工知能システムの場合は、それに加えて、データが異常に変化したことなどによる、精度の劣化や異常な結果への対応を行います。

▶ **システムのメンテナンス・改善**

　システムを定期的にメンテナンスします。

　通常のシステムの場合は、データのバックアップや、ハードウェアの交換、セキュリティパッチの適用などを行います。

　人工知能システムの場合は、それに加えて、人工知能のモデル更新を行います。最新のデータを学習させて、新しいモデルにする作業です。また、新しい知識を導入するために、データの加工や追加を行います。

　図2-4に、通常のシステムと人工知能システムの運用・保守フェーズの作業の違いを示します。

	システムの監視	不具合の対応	システムのメンテナンス・改善
通常のシステム開発	バグがないかの把握・性能の劣化の監視	バグへの対応など	データのバックアップなど
人工知能のシステム開発	（上記に加え）人工知能の精度や異常な結果の有無の監視	精度の劣化や異常な結果への対応	人工知能のモデル更新・データ追加やデータ変更

◆ **図2-4　通常のシステムと人工知能システムの運用・保守フェーズの作業の違い**

運用・保守フェーズで起こりやすい問題

　運用・保守フェーズで前述の確認や対応を怠ることで、次のような問題が起こりやすくなります。

問題1　人間に合わせない人工知能
　人の知見・常識から考えて違和感がある結果を出しているのに、修正がきかない問題です。機械の不具合の推定など、データ化されていない部分が多く学問的知見や長年の経験があるケースで起こりやすい問題です。

問題2　新しいものに弱い人工知能
　人工知能が学習していない新しい予測対象が現れたときに、その予測結果が悪くなってしまう問題です。大地震や増税など大きなイベントのときに大幅にデータが変化してしまうケースで起こりやすい問題です。

問題3　人工知能のブラックボックス化
　人工知能が出している結果の理由がわからなくなってしまう問題です。ディープラーニングなど複雑なアルゴリズムを用い、多量かつ多種類のデータで学習しているケースで起こりやすい問題です。

問題4　人工知能の暴走
　問題3までの諸問題の結果、人工知能を修正することができなくなり、止める以外に手段がなくなってしまう問題です。

　以上のように、人工知能システムの開発工程では、それぞれの工程で通常のシステム開発に加えて、人工知能システム特有の作業を行う必要があります。プロジェクトマネージャは、プロジェクトのスケジュールやタスク検討の際にこれらの作業の必要性を必ず検討し、作業を追加する必要がないようにしましょう。

Chapter 3

人工知能システムの企画

本章では、人工知能システムの開発プロジェクトの
企画の立て方について解説します。
特に、目的の設定方法、データの選び方について詳しく説明します。

Artificial Intelligence System

アクセスキー　**t**
（小文字のティー）

ここからは、次のCASE STUDYを基に、具体的に説明していきます。

登場人物

十貨堂情報システム部：山口さん
十貨堂情報システム部課長：渋谷さん
十貨堂店舗業務管理部：田村さん
十貨堂物流業務部：大矢さん
MYソフトプロジェクトマネージャ：森口さん
MYソフトエンジニア：秋田さん

CASE STUDY　売上予測・自動発注システム

　全国展開のスーパーマーケット十貨堂では、店舗の業務効率化に継続的に取り組んでいます。その中で、店舗の業務を調査した結果、在庫チェックと発注業務に多数の時間がかかることや、割いている人員の数が店舗ごとに大幅に違っていることがわかりました。また、店舗によっては一部の商品で在庫切れを起こしており、問題となっていることがわかっています。
　そこで、新たに人工知能による需要予測と自動発注の仕組みを組み込んだ在庫管理システムの導入を検討しています。
　これから企画の詳細を作り、提案依頼書を作成して、システム開発の依頼を行うところです。MYソフトを含む数社に提案依頼を行う予定です。
　MYソフトの森口さんは十貨堂から提案依頼書[※1]（RFP）を受け取りました。これを基に、提案書[※2]を書くための調査を開始します。

案件情報の整理

　ユーザ企業からシステム開発に関する引き合いを受けたのちに、案件情報の収集と整理を行います。まず、案件情報に関する詳細について、質問および議論するための打ち合わせを行います。
　図3-1に人工知能システムの提案依頼書（RFP）の構成を、図3-2に提案書・企画書の構成を示します（なお、森口さんが受け取った提案依頼書を巻末

の付録Aに、森口さんが作成した開発提案書を巻末の付録Bに記します)。
　本章のCASE STUDYでは、森口さんが提案書を書くまでに行ったことのポイントを説明します。

提案依頼書
1. 案件概要
1-1. システム構築の背景・目的
1-2. システム構成
1-3. 想定業務フロー
1-4. 画面案
1-5. 業務委託範囲
1-6. スケジュール
1-7. 納品物
2. 提案依頼内容
3. 契約条件

◆図3-1　提案依頼書の構成

提案書（企画書）
1. 提案システム概要
(ア) システム構築の背景・目的
(イ) システム構成図
2. システム構成
(ア) ハードウェア構成
(イ) ソフトウェア構成
3. データ
4. 開発方針
5. 開発スケジュール
6. 開発体制
7. 納品物
8. 運用・保守
9. 費用
10. 前提条件

※下線は、人工知能システムで特別に考慮しなくてはならない点が多い項目

◆図3-2　システムの提案書・企画書の構成

3.1 目的の設定

CASE STUDY 目的の設定

　十貨堂の山口さんは、当初、RFP内のシステムの機能に「人工知能による需要予測をすること」と記載していました。しかし、システム構築の背景・目的の項に、なぜ需要予測するのかを書いていませんでした。
　そこで、上司の渋谷さんが山口さんに指摘します。
　渋谷さん「山口さん、この書き方では、あとでシステムが有用なものであるか評価できないよ。山口さんは、なぜ需要予測をする必要があると考えているの？」
　山口さん「そうですね。現在廃棄ロスの費用が下がらないのが問題であり、それを解消するのが目的だと思います」
　渋谷さん「そうだね。でも、それだけではないはずだ。廃棄ロスが出ていない店舗では、逆に廃棄を怖がって欠品が出ているかもしれない。そういうケースでは、売上向上につながるかもしれないし、欠品が多いことによる販売機会の損失を減らせるかもしれない」
　山口さん「なるほど。人工知能を導入することで現場の店員はラクになるのだから、人件費の削減にもなりますね」
　渋谷さん「そのとおりだ。人工知能で需要予測を行うといっても、いろいろな効果が考えられる。その中で、どの効果を特に達成したいのかを明記しないと、必要な性能や機能を誤解してしまうぞ」

人工知能のプロジェクトの最終的な目的

人工知能のプロジェクトの最終的な目的の代表例は、次の4種類です。

- **売上向上**
- **コストダウン**
- **品質向上**
- **リスク低減**

この4つは、あるアミューズメントパークの業務改善・施策検討に人工知能を使うケースでは次のようになります。

- 売上向上の例……顧客ごとにアトラクションやグッズのおすすめを提示して、顧客の単価を上げる（購買予測）
- コストダウンの例……グッズショップの在庫管理と追加発注を自動化して、店員の作業時間を減らす（売上予測）
- 品質向上の例……顧客がいつでも問い合わせできるチャットサービスを用意することで、顧客満足度を上げる（質問応答）
- リスク低減の例……パーク内でのトラブルをいち早く検知し、トラブルの悪影響を減らす（トラブル検知）

人工知能は予測・分類・認識・制御・応答などをするものなので、上の例のカッコ内のように、人工知能の機能を付記するとその後の計画が立てやすくなります。

よくやってしまう失敗として、「売上予測」などの**機械学習の機能をプロジェクトの目的にしてしまう**ことがあります。「売上予測」は目的達成のための手段であり、それを目的に設定してしまうと、最終的な価値がわからなくなります。その結果、プロジェクトが進んでから必要な機能の不足に気付いたり、評価のやり直しをしたりといった手戻りが発生してしまいます。

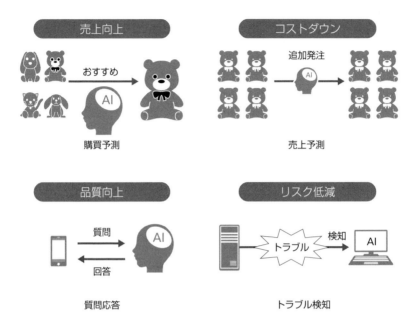

◆図3-3　人工知能のプロジェクトの最終的な4つの目的

　また、真の目的をしっかり定義することは、**「人工知能が意外な結果を出すことを過度に期待する」ことの防止**にもつながります。

　人工知能ならば、人が気付かなかった予想外のアイデアを出してくれると期待するかもしれません。実際、人では考え付かない組み合わせや手段を発見してくれることもあります。しかし、多くのケースではそうしたことはなく、過去のデータを多数覚え、その中からよくあるパターンを提示するものになります。したがって、熟練者にとっては、そこまで意外な結果になりません。そのようなときに、「もっと意外な答えを出してくれると思った」「これくらいなら自分でも考え付く」と利用者（多くの場合熟練者）が不満を覚えることがあります。こうしたことを防ぐために、**何のために人工知能を作るのかを決めておき、少なくともその目的を達成しているのであれば十分である**、といった評価を行うのです。

人工知能に期待しすぎる人に対する返し方

　人工知能に過度な期待を抱いている人と一緒にシステムの目的を協議する際には、彼らの意識を変えなければなりません。
　実際に、筆者が経験したケースを例に、効果的な返答の仕方を解説します。

例1．売上予測のケース
利用者「これくらいの精度はうちの○○さんでもできそうだ」
→「入社直後の人が○○さんくらいの業務ができるようになるのはすばらしいことですよね」

例2．不正検知のケース
利用者「検知したい不正の70%しか検知できてないじゃないか」
→「人が検知したときには、これ以上の漏れがあると聞いていますので、人工知能による検知を導入しておいて、さらに人によるチェックも併せてやると、人の手間も減らしながら精度が上がりそうですよね」

　例1のように最も優秀な人を超えることはできないが、**低スキルの人にとっては十分よいものである**ケースや、例2のようにそもそも難しい問題を解こうとしており、**完璧ではないが人が行うよりも優れた成果を出している**ケースは多くあります。

CASE STUDYにおいて、最終的に山口さんがRFPに記載したシステムの目的は、次のとおりです。

システムの目的

> 　十貨堂では、惣菜や食品を中心に、年間約10億円、1店舗平均約1,400万円の廃棄ロスが課題となっています。そこで、廃棄コストの減少のために自動的に需要予測を行い、発注数を推奨するシステムを開発します。
> 　また、副次的な目的として、発注者が発注数を決定するための作業時間や欠品商品数の低減があります。

　また、システムの開発者は、発注側が設定した目的をさらに深く理解する必要があります。目的を理解する定番の方法は、**数値をヒアリングすること**です。数値は総量などの他に、バラつきが重要です。実例を下記に記します。

CASE STUDY　目的の詳細化

　MYソフトのプロマネの森口さんは、山口さんに対してヒアリングを行っています。
　森口さん「廃棄ロスの1店舗平均が1,400万円とありますが、多い店舗と少ない店舗では差がありますか？」
　山口さん「そうですね……最も多い店舗では全体平均の4倍くらいありそうです。店舗別の廃棄量を調べておきますね」
　森口さん「はい、お願いします。それから、廃棄が多いのはどんな種類の食品ですか？」

山口さん「惣菜、菓子パン、乳製品、生鮮食品が多く、次点で水産加工食品、菓子ですね」
　　森口さん「6、7種類くらいなので、商品種類数だと1,000種類程度でしょうか……。また、発注の作業時間の低減とありますが、通常1日分の発注作業は、何人でどれくらいの時間をかけて行っているものですか？」
　　山口さん「各売場担当が発注するので、7、8人くらいで、それぞれ30分から1時間程度かけていると思います」
　　森口さん「時間にバラつきがあるのは、ベテラン社員と若手社員で経験に差があるからですか？」
　　山口さん「それもありますが、売場ごとに発注の難しさに差があるからですね。生鮮食品は本当に難しいと思います」

　上記のようにして、システムの目的を具体的な数値で表現できる価値にするための材料をヒアリングします。また、時間や費用などはバラつきを聞き、画一的な機能でよいのか、それともバラつきを考慮した設計にするべきかを検討します。たとえば、CASE STUDYのような例では、売場ごとに発注の難易度が違うことや、廃棄コストに差があることが想定されるため、機械に予測させる粒度を売場ごとに変えることや、投入する要因（変数）を難易度が高い売場の予測のために追加することなどを考えて、企画やトライアル分析の方針に反映していきます。

　CASE STUDYでは、図3-4のように目的を設定しましたが、ヒアリングを通しながら、さらに、現状の想定コストを数値で記載していってもよいでしょう。

弊社の理解

システム構築の目的

> 現状の課題

①急激な店舗拡大による従業員の労働力不足
②発注業務を各店舗の事情に即した現場判断により行うことで、在庫切れや過剰在庫が発生する

> システム構築の目的

①人工知能発注システムの導入により発注業務を効率化し、人件費を削減する
②人工知能発注システムの導入により発注業務を均質化し、在庫切れによる機会損失や、過剰在庫による廃棄ロスを削減する

◆図3-4　システム構築の目的の設定例

「人工知能・機械学習を使わない」という心がけ

　人工知能システムの企画やトライアル中に心がけるべきことの1つに、「人工知能を使わないことを検討する」というものがあります。

　人工知能は、処理の根拠がブラックボックス化しやすいことや、学習データが変化したことで挙動が不安定になるなど、長期的に運用するときに、問題が起きたり手間がかかったりすることが多いです。また、データ数が少なすぎるときなどは、人が作成したルールで運用したほうが高精度になることもあります。

　昨今のAIブームの影響で、「人工知能を自社でも使おう」といったコンセプトで、現状のデータや業務と人工知能の相性が

よいかどうかを考えることなく人工知能を使おうとすることもあります。

　人工知能が短期的に効果がないとしても、使ってみることによる知見の蓄積が企業にとって宝物になるという面もあります。そのため、「人工知能が短期的な価値を出さないとしても将来のために使う」ことにも意義があると筆者は考えています。

　しかし、プロジェクトを進めながら、常に「人工知能を使わない選択肢」を頭の片隅に入れながら仕様の検討を行うことは、人工知能を用いたプロジェクトの関係者にとって大事な心がけです。

　以下に、人工知能（機械学習）が向いているケースを整理します。

人工知能が向いているケース

【安定的に学習できる】
- 学習データが多い
  - 1つの学習処理当たり最低1,000データ以上ある
- 学習データが安定している
  - データの定義や項目が長期間（1年以上）にわたって変わらない
  - データの記法が安定している（記録する人によって表現が違わない）
- 例外的なケースが少ない
  - 新しい事象の発生頻度がそこまで高くない

【価値が出やすい】
- 人工知能の結果を使う人が多い
  - 有識者にとっては当たり前でも、初心者にとっては価値がある

> - 個々のコストダウン効果は少なくても、人数が多いことで大きな効果になる
> - わずかな改善が莫大な価値になりやすい
>   - 資源探索や株の購買など、「数パーセントの改善」が大きな経済価値になる
>   - 原発の異常検知など、「1回の問題発見」が大きなコストダウンにつながる
>
> **【失敗が許容される】**
> - 一部悪い結果が出ても、トータルでよい結果になっていれば価値になる
>   - ダイレクトメールの送付など、個々の結果の成否がそこまで問題にならない

　上記の逆のようなケースでは、人工知能を使わないほうがよいことがあります。たとえば、学習データが少なすぎるときは、単純なルールを人手で作成したほうがよいでしょう。

　また、結果を使う人がごく一部の有識者に限られるようなケースでは、人工知能導入による人的コスト低減の効果が見込めず、投資に見合わないことがあります。

　他に、たとえば医療診断のように、1回の失敗が人命に関わるようなケースでは、人工知能による100%自動化は危険です。

　システムのユーザ側（発注側）、開発側のどちらも、プロジェクトを成功させる責任がある立場の人ほど、「人工知能が本当に必要なのか」を自問自答し、納得してプロジェクトを進めることが、結果としてプロジェクトの成功につながるでしょう。

3.2 システム構成の検討

  システム構成の検討

　プロマネの森口さんは、エンジニアの秋田さんとシステム構成について相談しています。
　森口さん「秋田さん、このシステムだと学習処理はめったにやらないから、学習と予測の環境は別々にしておいたほうがよいよね？」
　秋田さん「そうですね。学習処理の瞬間にハードウェアリソースが必要そうなので、クラウド環境を利用して、時間単位でリソースを確保できるものがよいと思います」
　森口さん「予測システム側で気になることはありますか？」
　秋田さん「ユーザがイベント情報などを入力してそれを基に予測するとなると、予測処理の応答速度が気になります。場合によっては、クライアント側での予測処理など、予測処理が軽い方法の採用が必要だと思います」

人工知能システムの構成

　図3-5は、人工知能の代表的なものの1つである教師あり学習（98ページ参照）タイプの機械学習を用いたシステムのシンプルな構成図です。図における「**学習部**」は、機械がデータを学習してルールや予測モ

デル（図では「予測式」と記載しています）を出力する部分です。また、「**予測部**」は、予測モデルを基に予測処理を行う部分に分かれます。「予測部」は「**推定部**」と呼ばれることもあります。

システム構成を検討する際には、図3-5にある各部について考えていきます。

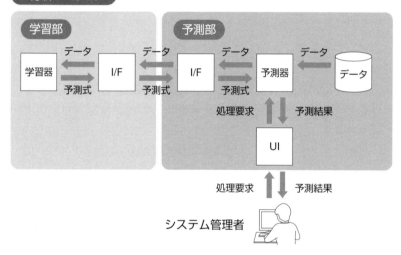

◆図3-5　人工知能システムの構成図

人工知能システムの構成を検討する際の注意点

人工知能を用いたシステムの各部の構成や構成の検討の際に考慮すべき点は、次のとおりです。

▶学習部の検討事項

データを基に、学習を行う部分です。データを受け取った学習部は、学習処理を行ったあとに、学習結果として「**予測モデル**」（「**学習結果の**

モデル」などということもあります）を出力して返します。

　学習部は、予測部と比較して、大規模な計算リソース（CPUやメモリ）を要することが多く、**並列処理や分散処理と組み合わせる**ことが大半です。

　一方で、学習部は、通常、頻繁に動くものではなく、月に1回など、予測モデルを更新するときに動作するだけなので、短期的にリソースを活用できる**クラウド環境も考慮**します。

　また、ストレージとして、学習に用いたデータを保存しておくものや、過去に学習した結果のモデルを保存しておくことが通常です。学習に用いたデータのバックアップは想像以上に大きくなることがあるため、**しっかりサイズを見積もっておいたほうがよい**でしょう。

　CASE STUDYでは、売上げデータを学習して、未来の売上げ（需要）を予測するモデルを作成する部分が、学習部となります。処理の頻度が高くないことから、クラウド環境に構築する案にしました。

▶**予測部の検討事項**

　予測モデルと送られてきたデータを基に、予測（推定）したい対象の結果を算出する部分です。

　予測部は、学習部と違って、**リアルタイム処理を求められること**が多くあります。そのため、予測処理の実行時間や複数ユーザの同時アクセス耐性、通信遅延を考慮することが重要なポイントとなります。非常に速い応答速度が要求されるときは、サーバ処理ではなく、クライアント側での処理を行うことになります。

　また、ユーザの入力を予測のインプットにすることがないなど、リアルタイム処理を求められない場合は、予測を実行しておいて、結果をデータベースに保存しておきます。そうすることで、瞬時に結果を提示することができます。

　予測に用いるデータは学習に用いるデータより大幅に少ないので、**データを保管するストレージは小さくて構いません**。

> **学習部**
> - 並列処理・分散処理と組み合わせることが大半
> - クラウド環境との相性がよい
> - データのバックアップをしっかり見積もっておく
>
> **予測部**
> - リアルタイム処理を求められることが多い
> - データを保管するストレージは小さくてよい
> - リアルタイム処理が不要なときは、予測を実行して、結果を保存しておく

◆ 図3-6 学習部と予測部のシステム構成の際の検討事項

　CASE STUDYでは、学習部が作成した予測モデルを基に、数日後までの予測結果を計算する部分が予測部です。

　なお、ハードウェア構成の検討と共に、ソフトウェア構成も併せて検討することが多いです。ソフトウェア構成の検討とは、OSやデータベースソフトウェアを決めることです。また、人工知能のソフトウェア・ライブラリを決めます。ただし、人工知能のアルゴリズムは**企画段階では仮決定に留めておく**ほうがよいです。人工知能のアルゴリズムは、データの量や種類との相性を確認して決定するようにします。そのため、データを入れる実験（トライアル）を行ってから決定します（実験の詳細な内容はChapter 4で説明します）。

　CASE STUDYでは、学習部用のクラウド環境とは別に、予測部を含む業務アプリケーションが動くサーバをもう1つ用意するという構成にしました（図3-7）。

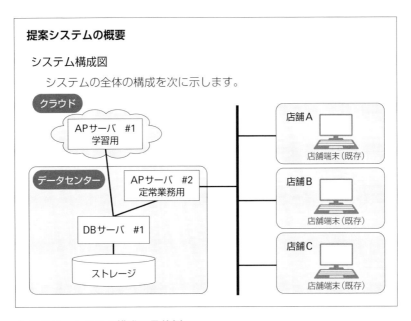

◆図3-7　システム構成の具体例

3.3 業務フローの作成

CASE STUDY　業務フローの作成

　プロマネの森口さんが提案書の作成において悩んだのが業務フローの作成です。そこで、店舗業務を管理している田村さんと物流を管理している大矢さんと相談することにしました。

　森口さん「田村さん、人工知能で需要を予測して自動的に発注するシステムを作ろうと考えているのですが、店舗の発注担当者も発注数の確認などをすることができるようにしたいと考えています。店舗の発注担当者は何を確認したいですか？」

　田村さん「発注の推奨数だけではなく、売上げの予測結果も見たいです。また、ベテラン発注者のノウハウを大事にしたいので、人工知能が出した結果を修正する機能も必要です」

　森口さん「わかりました。では、当面の間、人工知能が出した結果を自動実行するのではなく、発注者が最終承認することにして、その際に修正できるようにしましょう。また、大矢さんは物流の観点で気になることがありますか？」

　大矢さん「人工知能が発注することで、物流の頻度が多くなったり、タイミングがズレたりしないかが気になります。また、各メーカーや工場ごとにロットの単位やトラックの大きさが規定されているので、それらに配慮していただきたいです」

　森口さん「なるほど。では発注数を決定する際に物流の制約を考慮できるようにするのがよいですね」

業務フローはシステム企画の段階で決めておく

　人工知能に対する期待の高さもあり、一度システムに人工知能を導入すれば、その後は人が一切介在することなく業務ができることをイメージする人も多いです。しかし、実際のシステムでは、多くのケースで人工知能の結果を利用して、人が業務を行います。そこで、**人工知能が行う部分、人が行う部分はどこなのか**をはじめに定義しておかないと、せっかく作ったシステムを人が使いづらいという事態に陥ります。

　そのためには、業務フローを企画の段階で決定しておく必要があります。

　人工知能システムの業務フロー決定とは、「**人工知能の役割、業務範囲を規定する**」ことと同じ意味です。以下に、人工知能と人の役割分担の典型例を示します。

人工知能と人の役割分担のパターン

　人工知能と人の役割分担には、大きく分けて次の3つのパターンがあります。

①人工知能が推奨する結果を参考に、実行に関する最終意思決定を人が行う

　既に人が行っている業務を人工知能がサポートするようなときに、よくあるパターンです。人工知能が予測を行ったり、実行すべきアクションの候補を出したりして、その結果を基に、**最終的に人が決定**します。

　次のようなものがこのケースに当てはまります。

- 道路・電気などのインフラや機器のメンテナンス……劣化状態の予測を行い、その結果を基に、人が補修対象を決定する

- 小売りの発注自動化……売上げの予測を行い、その結果を基に、人が発注量を決定する

　上記のように、人工知能が高性能に予測することができるが、そのあとのアクション決定においては、複雑な要因が絡み合い人の判断が必要なケースでは、このようなフローがよいでしょう。

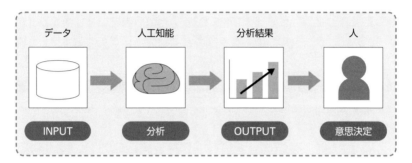

◆図3-8　人工知能の活用フロー（1）人による意思決定

②人工知能が自動的に実行する。人工知能が判断の自信度を判定し、自信度が低いときには人に意思決定を委ねる

　人工知能が自動でオペレーションをして問題ないようなケースです。全体として統計的に成功が多ければよく、個別のオペレーションの成功・不成功がそこまで問題ではないケースともいえます。人工知能の精度が、ある程度よい必要があります。次のようなものがこのケースに当てはまります。

- 株や為替の自動購買……未来の株価や貨幣価値を予測して自動的に購買する
- ダイレクトメールの送付自動化……顧客の購買可能性や離反（解約など）可能性を予測して、ダイレクトメールを自動的に送付する

上記の例のように、自動的にオペレーションを行います。しかし、完全に自動化するのではなく、人工知能が学習していないケースに遭遇したときなどのために、**例外的にオペレーションをストップできるようにしておく**必要があります。また、人工知能が判断の自信度を判定できるようにしておき、**自信度が低いときには自動で実行せずに人に判断を委ねる**ようにするのが、人の負担を減らしつつトラブルも防ぐことができる方法です。

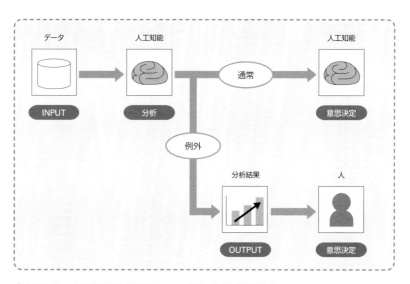

◆図3-9　人工知能の活用フロー（2）自動意思決定

③人工知能が出力したルールを人が確認し、確認されたルールに基づいて自動的に実行する

　オペレーションに失敗したときの損害が大きいときや、オペレーションの論拠を正確に説明したり保証したりしなくてはならないケースです。次のようなものがこのケースに当てはまります。

- 医療診断……検査データと疾病の関係など、診断ルールの候補を人工知能が提示し、それらを医師が確認し採用するルールを決める。採用されたルールについては、検査時に自動的に判定が行われ、結果が表示されることで医師が診断に用いる
- 工場の製造条件設定……製造物の品質悪化と環境条件や温度、流量などの製造パラメータの関係を人工知能の学習結果から導き、それらを基に次の生産パラメータの決定ルールを変えて生産を行う

これらの業務は、人工知能がオペレーションを自動で実行することもできますが、医学や物理学などこれまで積み重ねた学問的見地が多い分野では、**人工知能が出した傾向と人の知見を併せて実施する**のがよいと考えられます。

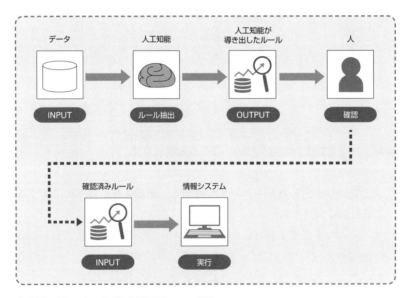

◆図3-10　人工知能の活用フロー（3）
　　　　　人によるルール解釈の結果から別途実装

また、一度ルールベースの動作にしてオペレーションを行うことで、ブラックボックス化しやすい人工知能の挙動を説明できるようになります（図3-10）。

　このように人と人工知能の役割分担を規定しておくと、人工知能システムの要件検討のときに、必要な機能や性能目標の設定を誤ることなく開発を進めることができます。

　CASE STUDYは、上記のうちパターン①と②を組み合わせたケースです。提案書に記載した業務フローは、図3-11のようになります。

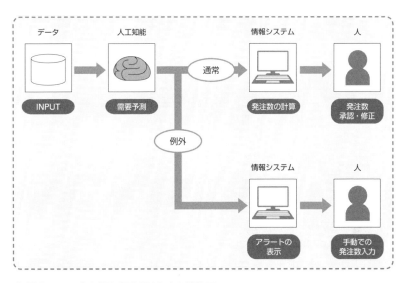

◆図3-11　CASE STUDYでの業務フロー

3.4 データ選び

CASE STUDY　データに関するヒアリング

　プロマネの森口さんは、RFPを作成した十貨堂の山口さんにデータの状況についてヒアリングを行いました。

　森口さん「人工知能に学習させるためのデータを選択するために教えてください。売上げデータや商品の廃棄、発注データは過去数年分ありますか？　それらは1日単位のデータですか？」

　山口さん「売上げデータは過去5年分が1時間単位で残っています。在庫も1時間単位であります。発注データは日単位ですね」

　森口さん「他に、各商品の属性データやキャンペーンデータ、店舗周辺のイベントデータはありますか？」

　山口さん「商品の属性データはあります。キャンペーンは……ないように思います」

　森口さん「過去のチラシはデータになっていませんか？」

　山口さん「PDFデータならあるかもしれません。店舗周辺のイベントデータもありませんね」

既存データは5W2Hで探す

　人工知能にデータを入れるときには、まずは既に保有しているデータをリスト化し、その中から役立つデータを選び出すやり方が一般的で

す。しかし、社内のデータが多すぎたり管理部門が多岐にわたったりすることで、全データを集めることが困難であるケースも多くあります。

そこで、前節で設定した目的に応じて、必要なデータのみを選んで使用します。データの選び方で迷うときは、たとえば図3-12のように、**5W2Hに沿ってデータを考える**と抜け漏れを防ぐことができます。

5W2H の観点で学習するデータ案を作成

5W2H		
	Who	お客様の性別、年齢、家族人数、居住地域、職業、年収、顧客ランクなど
	What	商品カテゴリ購入有無、商品カテゴリ種類数、商品トライアル数、商品リピート数など
	When	来店頻度、来店間隔、来店時間帯、平日／休日割合、入会からの経過日数など
	Where	利用エリア数、利用店舗数、利用店舗間の距離、利用チャネル数など
	Why	満足度、ライフスタイル、価値観、趣味・嗜好、キャンペーン有無など
	How many How much	来店日数、レシート枚数、購入金額、購入数量、購入単価、閲覧数、滞在時間など

◆図3-12　データ検討の例

既存データが用いる価値がありそうかどうかを確認するときには、次のことに注意する必要があります。

▶**データの期間や量は十分か**

たとえば、四季や特定のイベント（ゴールデンウイークや正月など）の影響を受けるデータであれば数年分必要です。また、数年分など長い期間のデータの場合は、途中で定義が変わっている項目があるかどうかを確認することが重要です。

▶ 粒度は目的に合致するか

　カテゴリ単位ではなく商品ごとのデータがしっかりあるかどうかを確認します。他にも人口統計などを用いるときは、集計地域が都道府県単位など粗いことがあり注意が必要です。

▶ 時間分解能は問題ないか

　時間分解能とは、データの時間上の集計粒度のことを指します。1時間単位・1日単位などの集計時間の単位が目的に合っているかを確認します。

◆ オープンデータに頼りすぎない

　社内のデータだけでは不十分なときには、オープンデータや外部データの追加を考えることになります。RESAS※3やe-stat※4など、現在、官公庁を中心にさまざまなデータが公開されています。

　しかしながら、オープンデータは、未来までずっと公開される保証がないほか、データの粒度や分解能などが急に変更される可能性もあります。したがって、長期的に運用しなくてはならないシステムの場合、オープンデータは、あくまで**補助的なデータとして用いる**のがよいでしょう（気象データや調査会社のデータなど有料で提供されているデータは例外です）。

◆ ないデータは作る

　社内データやオープンデータを用いてもデータの量が十分でないときには、**新たなデータを作成する**ことになります。たとえば、次のようなデータは比較的作成することが多いデータです。

- 店舗リストの位置情報からわかる店舗の周辺立地情報（駅からの距離など）
- 地域ごとのイベント情報
- WebニュースやTwitterなどに取り上げられた回数

　昨今はクラウドソーシングの考え方が浸透してきたこともあり、安い費用でデータを作成できることもあります。本当に重要なデータであることがわかっているのなら、まずは作成コストを見積もってみるのがよいでしょう。

一度分析してから追加データを選ぶのが効率的

　今あるデータが限られるときに、どれくらいのデータを足せばよいのかの指針を決めてほしい、といった要望がよく寄せられます。しかし、人工知能に入れるデータの種類についての正解はありません。たいていの場合、多くのデータを入れたならその分賢くなりますが、それにかかる手間や費用の面から考えると、闇雲にデータを入れることはできず、現実的な範囲のものを選ばなくてはならないからです。

　簡単に手に入るデータが限られ、追加するデータを選びづらいときには、**一度分析してから追加データを選んだほうが効率的である**ことが多いです。

　たとえば、保険会社の顧客の解約予測を行うケースでは、①簡単に手に入る顧客属性情報のみから予測結果を作成する、②①の予測結果の精度を検証し、予測精度が悪い対象の傾向を把握する（例：高年齢層の精度が悪いとわかる）、③②の結果精度が悪い対象に対して、どうすればさらに要因がわかるかの仮説を検討してそのデータを追加する（例：高年齢層は営業員との親密度が重要ではないかという仮説を基に、営業員の担当年数や訪問頻度データを追加する）、という手順になります。

　このように人工知能（機械学習）による予測システムでは、まず簡単

に手に入るデータのみを使って予測結果を作成し、その精度を検証します。すると、精度が悪いケースの傾向がわかるので、それを基に新たに必要なデータを検討するという手順になります。

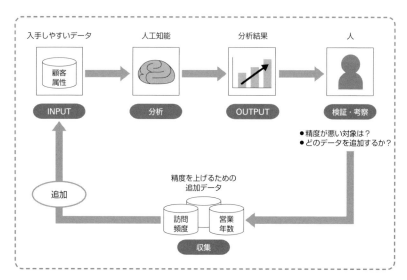

◆図3-13　追加データ検討のフロー

3.5 スケジュール検討

CASE STUDY　スケジュール検討

　エンジニアの秋田さんは、プロマネの森口さんと相談しながらスケジュールや工数の見積もりを行っています。
　秋田さん「要件定義前にトライアルを行う形でよいですよね？」
　森口さん「おそらくそうだろうね。先方に確認しておくよ」
　秋田さん「あとは普通に開発スケジュールを立てておけばよいですか？」
　森口さん「いや、開発が始まったあとも、運用中のパラメータを決めるためにデータ分析の工数をとっておこう」
　秋田さん「トライアル中に全データで分析できなさそうですからね。わかりました」

◆ あらかじめトラブル対策を多めに設定する

　人工知能システムの開発においては、要件定義より前にトライアルを実施することや、要件定義の際に要件定義のための分析を実施することが特徴的です（Chapter 2参照）。
　スケジュール検討においては、作業工数の計算が必要なのは通常のシステム開発と同様です。CASE STUDYにおいて秋田さんが作成したWBSを付録Eに記載します。

「要件定義のための分析」や、テスト工程に「モデル更新のテスト」を項目として挙げ、工数の見積もりを行います。

分析やテストの工数見積もりは、**データ数や人工知能が行う問題の複雑さ**（予測対象数や要因数）から決定します。

また、トライアルフェーズや開発フェーズ（その中でも要件定義やテスト）においては、データや人工知能の挙動が想定外であることが判明し、そのための対策を検討する可能性が高いことから、**あらかじめ改善のための工数や期間を確保しておく**のがよいでしょう。これらのフェーズにおいては発注元との会議も頻繁に実施して、**あと戻りがないような工程管理を行う**ようにします。

CASE STUDYにおいて作成されたスケジュール案を図3-14に示します。

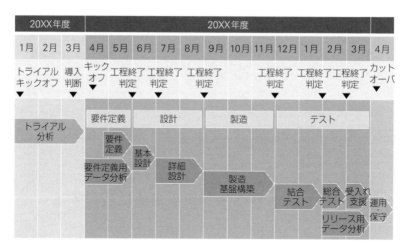

◆図3-14　スケジュールの具体例

想定外の挙動に対する対処

　本節では、人工知能が想定外の挙動をとったときのために、その対策を検討する工数や期間を確保しておくと記載しましたが、実際は「起こらないかもしれないこと」に対する工数や期間を正しく見積もることは困難です。

　そこで、契約において、トライアル、要件定義、実装とテストを別々の契約にし、それぞれの費用は前のフェーズが終わった段階で確定させることや、トライアルや要件定義工程は準委任契約など請負契約以外の契約にするようにします。分割しておくことで、見積もりと違う工数になるリスクを下げることができます。

　また、見積もりの前提として、どんな評価や分析を何回行うかなどの規定をしておき、それ以上の不測の事態が起こった場合に見積もりを修正するといった取り決めをしておくことで契約トラブルを防止するようにします。

3.6 運用・保守方針の検討

CASE STUDY　運用・保守方針の検討

　プロマネの森口さんは、十貨堂の山口さんと運用・保守体制について相談しています。

　森口さん「人工知能が学習したり予測したりする部分の運用も弊社が行う形でよいですね？」

　山口さん「そうですね。私たちがやることはできないのでお願いします」

　森口さん「では通常のシステム保守の他に、人工知能のメンテナンスを運用・保守作業に入れますね」

　山口さん「人工知能のメンテナンスとは、具体的にどんなことを行うのですか？」

　森口さん「まず、新しいデータを入れたときに人工知能が再度学習しますが、学習した際に大幅に挙動が変わらないかを確認します。また、日々の予測結果を確認し、異常な状態になっていないかを確認して、場合によっては前の学習結果に戻すといったことをします」

　山口さん「なるほど。それは必要なことですね。お願いします」

運用・保守作業の意義

　Chapter 2で述べたとおり、人工知能（機械学習）は何もメンテナンスを行わないと、最新のデータを正しく反映しなかったり、新しい種類の予測対象に対応できなかったりするようなことが起こります。

　また、トライアル中に平均的な精度が十分であることを確認したとしても、システムリリース後に業務で運用していくと、人の直感に合わない結果があって、業務を行いづらいなどの問題に気が付きます。その問題を放置したままにしておくと、人と人工知能の信頼関係がどんどん失われていって最終的に使われないシステムができあがってしまいます。

　そこで、人工知能を定期的にメンテナンスしたり、人の直感に合わないなどの問題を調査したりするような作業を運用・保守担当者が行います。

人工知能システムの運用・保守の代表的な作業

　人工知能システムの運用・保守では、通常のシステム運用や保守の作業に加えて、人工知能が学習したり予測したり実行したりする様子の監視や修正が必要です。

　運用作業の詳細な内容はChapter 6に記載しますが、ここでは代表的な作業を挙げておきます。

▶再学習

　人工知能に新しいデータを入れて学習を再度行い、モデルを更新する作業です。再学習を行うことで、よい精度を保ったり、最新のトレンドを人工知能が取り入れたりすることができるようになります。再学習には、全データを一括で学習するバッチ学習と、1データずつ学習するオンライン学習などの種類があります。それぞれの処理についてはChapter 6で解説します。

　バッチ学習・オンライン学習のどちらの場合も、定期的に学習を実施

することが多いですが、精度が劣化したときなどにオペレータが学習処理の命令を入力して実行することもあります。

また、自動で再学習する場合でも、学習したことでモデルが大幅に変化しすぎていないかを人が確認する必要があります。

▶ 予測結果や精度の確認

人工知能が予測（推定）した結果が異常でないかを確認します。もし異常な結果がある場合は、学習に用いたデータや予測時に入力されたデータが異常であることが多いため、データの確認を行い、原因を調査し、対策を講じます（データを削除しての再学習など）。

また、再学習時に人から見て異常な結果ではないとしても、長期的には精度が徐々に低下するといったことも起こりえます。その場合、最近の世間のトレンドを反映できていないなど、データ上の課題があることがあります。このときには、追加データの検討を行います。

▶ 新対象の追加

たとえば、小売店が新商品を取り扱うようになったときなど、過去のデータが一切ない状態のものも、徐々にデータが増えてくることで人工知能が学習できるようになります。しかし、このようにデータが非常に少ないものは、結果が不安定になるなど問題を抱えていることが多いです。

そこで、十分なデータであることを人が判断してから学習を開始したり、不安定かどうかを確認したりするなど、**人手を介した運用を行う**ことがあります。

▶ 人工知能の挙動に対する問い合わせ応答

人工知能システムを活用していく中で、人工知能システムの予測結果が不審だと感じるときがあります。これは、人に深い業務知識があるケースや、学習データが不十分であるケースが考えられますが、利用者が学習データのすべてを確認することは手間がかかりすぎるため、運用・保守担当者が原因の調査を行います。

運用・保守担当者は、利用者から問い合わせを受けたあとに、利用者が不審だと思った結果の再現を行い、その原因が何であるかを検討し報告します。通常のシステムであればプログラムのソースコードや仕様書を追うことで原因がわかることもありますが、人工知能システムの場合は、学習データまたは予測モデルから挙動を推定する必要があり、運用・保守担当者が、人工知能の挙動に関する調査を行うことに慣れておくことが必要になります。

図3-15に、CASE STUDYで提案書に記載した運用・保守内容のうち、再学習や予測結果の確認など、人工知能に強く関わる部分を抜粋します。

運用・保守

機械学習の運用に関する作業内容は、次のものを想定します。

- **モデルの更新**
  - 月に1回、予測モデルの更新を実施

- **予測精度の確認**
  - 月に1回、異常予測結果および異常データのチェックを実施

- **新規予測対象の追加**
  - 月に1回、一定以上データの蓄積があった予測対象について新規予測対象として学習しモデルを追加

- **運用報告の実施**
  - 月に1回、予測結果の検証レポートを提出
  - 月に1回、異常予測結果および異常データのチェック結果レポートを提出

- **予測結果に関するお問い合わせの対応**
  - 電話もしくはメールにて受付けを行い、調査後回答をメールで実施
  - システム保守と同一の受付窓口・時間を想定

◆図3-15　人工知能の運用・保守内容の例

Chapter 4

人工知能プロジェクトの
トライアル

本章では、人工知能システムのトライアル（POC）の進め方について説明します。
特に、評価指標の設定方法、データの把握方法、
データ加工テクニックについて詳しく解説します。

Artificial Intelligence System

アクセスキー **Q**
（大文字のキュー）

4.1 トライアルのプロセス

CASE STUDY　トライアル方針

　十貨堂の山口さんは、プロマネの森口さんからの提案を受けて、開発前にトライアルを行うこととしました。
　山口さん「トライアルの期間は3カ月とありましたが、中間的な報告などをいただけますよね？」
　森口さん「はい、1カ月後に最初の評価結果を報告する会議を実施します。その後、精度の向上などの施策をさらに2サイクル程度実施する予定です」
　山口さん「トライアル対象のデータは一部の店舗で実施すると記載されていますが、店舗の選定はこちらで行えばよいですか？」
　森口さん「はい、極力、店舗の規模や商品のバリエーションがあるように選んでください」

　トライアルは、データを人工知能（機械学習）に入れてみて、想定する価値を達成する可能性があるかを確認するものです。想定する価値という「仮説」を検証するという意味で、**仮説検証**や**POC**（Proof Of Concept）と呼ばれることが多いです。
　図4-1にトライアルのプロセスを示します。トライアルは、はじめにシステムの目的や人工知能の問題を定義し（分析内容定義）、次にデータを取得しおおまかなデータの傾向を把握します（データ観察）。その後、

アルゴリズムを選び（モデル設計）、学習させるデータを作ります（データの加工）。このようなプロセスを経て人工知能に学習させ（モデル作成）、結果を評価（結果の評価）します。

本章では、図4-1の手順に沿って解説します。

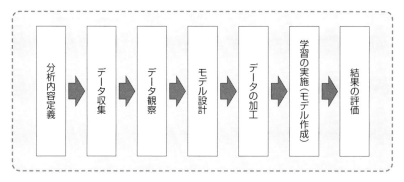

◆図4-1　トライアルのプロセス

4.2 分析内容定義

問題の観察

　プロマネの森口さんと十貨堂の山口さんは、人工知能が解く問題について相談しています。

　森口さん「実務を考えたら、発注量入力日の翌日から7日後くらいまでを予測する必要がありますか？」

　山口さん「そうですね。実際は、週に1回の発注頻度の商品は、翌々週まで参考にしながら発注することが多いので、2週間後まで予測してほしいです」

　森口さん「わかりました。1時間単位で予測することもできますが、業務上必要ないのなら1日単位にしたいと思います。いかがですか？」

　山口さん「商品が届いて品物を並べる時刻が店舗によって違うため、1日単位の需要予測では、正確な在庫の試算ができないと思います。ですので、1時間単位にしてください」

　森口さん「わかりました。売上げデータやキャンペーンデータは売上げ直後に利用できますか？」

　山口さん「売上げや確定した値下げキャンペーンは翌々日にならないとシステムに登録されないはずです。確認して連絡します」

トライアル対象の決定

はじめに行うのは、図4-1における「分析内容定義」になります。

この段階で、プロジェクトの目的やデータの種類はある程度決まっていることが多いですが、**トライアルの対象を追加で決める**必要があります。

トライアルは、人工知能がプロジェクトの目的を達成する可能性を確認するために行うので、すべてのデータで分析するよりは、主要な対象の分析結果を評価したほうが、手間を考えるとよいことが多いです。

CASE STUDYの例では、店舗の特性よりも商品の特性の差による違いのほうが重要であると考え、商品のバリエーションを多めにとり、3店舗20商品で行うことにしました。

予測するシステムの場合の問題の定義

分析の対象を決めたあとは、人工知能が学習できるような問題に変換する作業を行います。目的の段階でおおまかに「売上げを予測する」などの概要は決まっているはずです。しかし、「売上げを予測する」といっても、「"翌日"の売上げを"商品単位"に"1時間単位"で予測する」というようにして、はじめて機械学習に入れるための処理を作れるようになります。これを、**問題の定義**と呼びます。

たとえば、CASE STUDYのように、目的変数（予測対象）が時系列の数値データ（定期的に存在する数値データ）の場合、問題の定義は次のようになります。

- 予測先時間（"翌日"）
- 予測する対象の集計粒度（"商品単位"）
- 予測する対象の時間集計粒度（"1時間単位"）
  ※時間集計粒度のことを時間分解能といいます。

CASE STUDYで決めた分析内容の定義を図4-2に示します。

◆図4-2　トライアル分析における分析内容の定義の例

運用中に使えるデータを確認しておく

ここで、図4-2のように予測先の時間や粒度を決めることは**目的変数**[※1]**の定義**に相当します。目的変数を定義したあとに、**説明変数（予測に用いる要因）の定義**を行います。

説明変数の詳細な定義は、データを観察したあとに行うものです。しかし、問題の定義の段階で、「**運用中に説明変数として使えるデータを確認しておく**」必要があります。これは、トライアルで行った分析に基づきシステムを開発する際に、「運用で使えないデータでトライアルを行っていたことでシステム化できない」問題が発生することを防ぐためです。

この問題は、たとえば、運用時にデータを取得するのに長い時間がかかることに気付かずにトライアルを実施することで起こります。CASE STUDYでも、即日にデータが手に入るわけではないことがわかり、図4-3のように説明変数の定義を行いました。

説明変数と予測先の関係

							1日後〜14日後を予測		
説明変数：予測実行時点で入手可能なデータ（予測実行日の2日前より、前）						予測実行日	予測先（1日後）	予測先（2日後）	...
説明変数：予測実行時点で入手可能なデータ（予測実行日の2日前より、前）							予測実行日	予測先（1日後）	予測先（2日後）	...
4月19日	4月20日	4月21日	4月22日	4月23日	4月24日	4月25日	4月26日	4月27日	4月28日
火	水	木	金	土	日	月	火	水	木

◆ 図4-3　運用を考慮した説明変数の定義の例

4.3 データ観察

CASE STUDY　データの観察

　プロマネの森口さんは、エンジニアの秋田さんからデータの観察結果についての報告を受けています。

　秋田さん「データを確認した結果、売上げデータに欠損があります。一部の商品では1カ月以上欠損しています。商品の打ち切りなどでしょうか。主要な商品の値はしっかり入っていて、きれいなデータだと思います」

　森口さん「なるほど。では、欠損は学習しないようにしましょうか。他に、気になるところはありましたか？」

　秋田さん「キャンペーンの種類があるのですが、『その他』という種類が多いので使いづらそうです」

データを観察するときのチェックポイント

　データを見ることなく、無加工のまま、人工知能に入れるのは危険です。確かに、たいていの場合、データを入れたら何らかの学習をして動作することが多いです。しかし、生データを見て挙動を推定しておくと、結果をよくするためのデータ加工が効率的にできたり、結果の評価のときに問題の原因推定がしやすくなったりするため、**事前にデータを見ておく**ことをお勧めします。

データを観察するときの観点として、次のようなことがあります。

数値データの観察

数値データの観察は、分布（値ごとの発生頻度）を確認するのが基本です。図4-4に分布の例を示します。

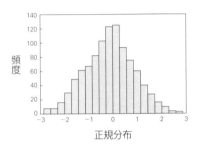
正規分布

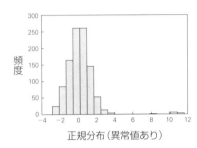
正規分布（異常値あり）

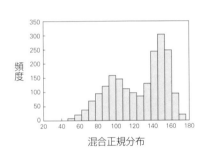
混合正規分布

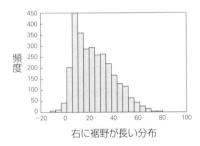
右に裾野が長い分布

◆図4-4　分布の例

上記のような分布を作成して目視で確認するのが最もよい方法ですが、データの種類が多すぎるときには、平均値、中央値、分散などの値（統計量といいます）を計算して表にして確認します。

以下に、数値データを観察する際に注目すべき点を整理します。

①平均値や分散が異常ではないか

たとえば、すべて正の値の数値で、平均値に対して分散が大きすぎる場合、図4-4の右上図のように非常に大きな値が含まれていて、分散を大きくしていることがあります。

また、図4-4の右下図のような場合は、平均値と中央値の間に大きめの差が出ます（例：日本人の年収の平均値と中央値は大きな差がある）。

これらのケースでは、分布の形を正規分布に近付ける処理を行ったり、異常値処理を行ったりすることがあります。

②異常値の割合が多すぎないか

異常値の割合を計算して、その割合が多いかを確認します。異常値の定義が難しいときには、統計量から異常値割合を計算する式を作ります。たとえば、「平均値±標準偏差×２の中に入る割合」を算出して、その割合が多い順に確認します。

③欠損の割合が多すぎないか

欠損とは、値が存在しない状態のことを指します。データベースでは、「0」、「null」など、欠損であることを示す値（欠損値といいます）が入っていることが多いです。人工知能では、欠損があるデータは学習時に対象外になったり、うまく学習できない原因になったりします。そこで欠損の割合が多すぎるデータについては、説明変数から削除することや、欠損を補完する（別の値を入れる）ことを検討します。

ラベルデータの観察

ラベルデータとは、「男性」「女性」など、数値ではないが選択式など値の種類が限定されているものです。**カテゴリデータ**ともいいます。

ラベルデータの観察は、数値データと同様に、値ごとの頻度を確認することが基本です。

以下に、ラベルデータを観察する際に注目すべき点を整理します。

①名義尺度※2の場合、値の種類が多すぎないか、カテゴライズの必要があるか

　たとえば、「国名」という項目があり、180以上の国名が値として入っていたとします。これをそのまま人工知能に入れると、「リトアニア」と「ラトビア」は近い場所であるといった情報を知らない機械学習は、各国のデータが少なくて適切に学習できないことがあります。そこで、値ごとの件数をカウントし、多くの値が10件未満になるような場合は、カテゴライズを検討します。「国名」の例では「地域」という項目を新しく作り、「ヨーロッパ」などの粗めの粒度の値を入れます。これによって、各値の件数が増え、学習しやすい状態になります。

②名義尺度以外の場合、数値扱いにして入れるほうがよいかどうか

　たとえば、アンケートデータの「満足度」という項目に、「とても満足した」「満足した」「普通」「がっかりした」「とてもがっかりした」という5種類の値が入っているとき、これらを「5，4，3，2，1」という値に変換して数値データとして取り扱うかを検討します。

　ラベルデータを数値データに変換できそうなときは、変換したほうが学習しやすいことが多いです。一方で、たとえば、「年齢」という項目が「20歳未満」「20〜29歳」「30〜39歳」「40〜49歳」「50〜59歳」「60歳以上」となっている場合など、各値の幅が異なるときには、単純な数値変換をするとデータの偏りを誤解させて学習させてしまうことがあるため注意しましょう。

③異常値の割合が多すぎないか

　数値データと同様の確認が必要です。

④**欠損の割合が多すぎないか**

数値データと同様の確認が必要です。

画像データの観察

画像データの場合は、数値やラベルと違って頻度を集計することはできないため、別の観察方法になります。

以下に、画像データを観察する際に注目すべき点を整理します。

①**色合い、大きさが均一か**

画像データを学習する際に、問題になることの1つが「画像ごとに大きさや光の当たり具合がバラバラである」ということです。そのため、100枚程度の画像は必ず目視で確認し、大きさや撮影方法にバラつきがどの程度あるのかを確認します。

たとえば、光の当たり具合が違いすぎる場合は後述するデータオーグメンテーションによって、明度や彩度を変化させたデータを作成して、学習に用います。また、画像の大きさが異なる場合は、拡大縮小することで、同じような大きさにすることが必要です（縦横比は変化させないことに注意しながら、大きさを変更します）。

②**画像の中で注目したい場所や大きさは一定か**

①と同様に、撮影方法のバラつきがある場合に、人工知能に学習させたいものが写っている場所や大きさがバラバラであるかどうかを確認します。学習データ量が非常に多い（1つの推定に対して10万画像以上など）ときには、人工知能が、対象の場所や大きさのバラつきを吸収するような形で学習することができますが、学習データが少ないときには、人が明示的に場所や大きさを指定するような処理が必要になることが多いです。

テキストデータ（自然言語データ）の観察

テキストデータ（自然言語データや文章データともいいます）の場合は、中の単語や文章の長さなどを調べて問題がないか確認します。

以下に、テキストデータの確認の際に注目すべき点を整理します。

①構造的なテキストデータの場合、表記ゆれが多いかどうか

構造的なテキストデータとは、次の2つを満たすものです。

- 文の状態になっておらず、単語または単語の組み合わせになっているもの
- アンケートの特定の質問の回答など、値の意味が規定されているもの

また、表記ゆれとは、同じ意味のものが複数の単語や文章で入力されている状態のことです（例：「値引き」と「値下げ」）。

選択式の回答などの場合は表記ゆれの心配は不要ですが、人が自由に記述できる項目では注意が必要です。

表記ゆれを丁寧に確認する場合は、単語ごとの登場回数をリスト化して、同じような意味の単語が複数登場していないかを確認し、同義語として処理するようにします。

②非構造的なテキストデータの場合、文章の長さなどが均一かどうか

非構造的なテキストデータとは、長さや品詞が規定されていないテキストデータのことです。文字数制限がない自由記述の回答項目などの場合は、データ内の文章の長さに偏りがあることが想定されます。たとえば、ある項目の中に、1,000文字の値と10文字の値が混在している場合などは注意が必要です。あまりに偏りがある場合は、一定以上の長さが登録されているものだけにする、単語の出現頻度ではなく特徴語の評価（後述）を行ったあとの値を用いる、などの処理が必要です。

数値データ

- **チェックポイント 1** 分散・平均の計算分布がきれいかどうか
- **チェックポイント 2** 異常値の割合が多すぎないか
- **チェックポイント 3** 欠損の割合が多すぎないか

ラベルデータ

- **チェックポイント 1** 名義尺度の場合、カテゴライズの必要があるか
- **チェックポイント 2** 名義尺度以外の場合、数値扱いにして入れるほうがよいかどうか
- **チェックポイント 3** 異常値の割合が多すぎないか
- **チェックポイント 4** 欠損の割合が多すぎないか

画像データ

- **チェックポイント 1** 色合い、大きさなどが均一か
- **チェックポイント 2** 画像の中で注目したい場所や大きさは一定か

テキストデータ

- **チェックポイント 1** 構造的なテキストデータについては、表記ゆれが多いかどうか
- **チェックポイント 2** 自由記述文など非構造的なテキストデータについては、文章の長さが均一かどうか

◆図4-5 データを見るときの観点

4.4 モデル設計

CASE STUDY　アルゴリズムの検討

プロマネの森口さんとエンジニアの秋田さんでアルゴリズムの検討を行っています。

森口さん「通常の回帰分析だと思うけれど、アルゴリズムはどうしようか？」

秋田さん「はい。予測の根拠をスーパーの店員に示す必要があるので、ニューラルネットなどは向いていないと思います。データが1商品当たり1,000点以内の対象も多いので、正則化付き重回帰分析で実行して結果を見たいです」

森口さん「精度が低かったときのバックアッププランも考えておきたいね」

秋田さん「精度が低い場合は、アンサンブル学習がよいかと……やりながら検討します」

モデル設計とは？

データを観察したら、どのアルゴリズムにどのようにデータを入れるかを検討します。これを「**モデル設計**」と呼びます。トライアル企画時に、ある程度アルゴリズムの目星は立てていますが、この段階で、トライアルで用いるアルゴリズムを決定します。

アルゴリズム検討で重要なこと

アルゴリズム検討で重要なのは、3.3で規定した**業務フローに合ったアルゴリズムを選ぶこと**です。たとえば、人が人工知能が出した結果の根拠を理解する必要性が高いケースにおいては、ディープラーニングより回帰分析や決定木など、解釈性の高いアルゴリズムを選ぶのがよいことになります（精度が重要なケースでは逆になります）。

他に、**データ数とアルゴリズムの相性**からも判断します。データが非常に多いときや、説明変数の種類が多いときは、ディープラーニングが適していることが多く、逆に少ないときは、よりシンプルなアルゴリズムが適しています。

以降では、多くの人工知能システムで用いられる「機械学習」のアルゴリズムについて説明します。

機械学習の種類

機械学習には、**教師あり学習**と**教師なし学習**があります（他に強化学習など応用的なものもありますが、本書では割愛します）。

教師あり学習とは、データの中に「推定したい対象の正解」があり、その正解を他のデータで推定するルールを学習するものです。推定したい対象を**目的変数**（または被説明変数・従属変数）といい、正解を推定するのに用いる他のデータを**説明変数**といいます。CASE STUDYでは、売上データという「正解」があるため教師あり学習になります。

一方、教師なし学習とは、「推定したい対象」などのターゲットがなく、データ全体の傾向を学習してから分類や異常状態の推定などのモデルを作るものです。推定したい対象がないので、精度のような評価指標がありません。精度などの「これがよい」という指標がないことから、教師あり学習よりも分析者のセンスや信念が必要なものだといえます。図4-6に教師あり学習と教師なし学習の違いを示します。

機械学習

教師あり学習

入力（説明変数）と正解（目的変数）が対になったデータを入力し、その関係性を再現するようなモデルを生成する

- 回帰
- 分類

入力 正解 **人工知能**

入力されたデータと正解の関係に関するパターンを見付け出し、推論ルールやモデルを生成する

教師なし学習

正解のないデータを入力し（説明変数とし）、抽出した特徴のパターンを基に類似したグループを見付け、それぞれのモデルを生成する

- クラスタリング
- 次元圧縮

入力

入力されたデータ同士のパターンの違いや傾向を見付け出し、推論ルールやモデルを生成する

◆図4-6　機械学習の種類

教師あり学習

　教師あり学習には、「**回帰**」と「**判別**」があります。目的変数が数値の場合が「回帰」、目的変数がラベルの場合が「判別」です。ここでラベルというのは、「男性」「女性」や「車を所有している」「車を所有していない」のように、「1か0か」のような判断ができる指標です。

　主に回帰のケースで使うアルゴリズム、主に判別のケースで使うアルゴリズム、どちらにも使うアルゴリズムがあります。

　教師あり学習の代表的なアルゴリズムについて、対象が回帰、判別のどちらなのかと併せて紹介します。

▶ **ディープラーニング（回帰・判別）**

　ディープラーニングは、ニューラルネットワークを多層に組み合わせたアルゴリズムで、2017年現在、流行しているアルゴリズムです。画像認識などにおいて非常に高い精度を実現することや、機械学習で問題となる、事前の特徴量設計（データを加工すること）が少なくて済むことが画期的なために広く用いられています。

　ディープラーニングは、ニューラルネットワークを多層にするアルゴリズムの総称で、層同士の関係を定義するやり方の差で複数のアルゴリズムがあります。主に画像認識に使われるCNN（Convolutional Neural Network）と、主に音声認識や自然言語処理に使われるRNN（Recurrent Neural Network）やRNNの応用であるLSTM（Long Short Term Memory）がよく使われます。図4-7にCNNの学習イ

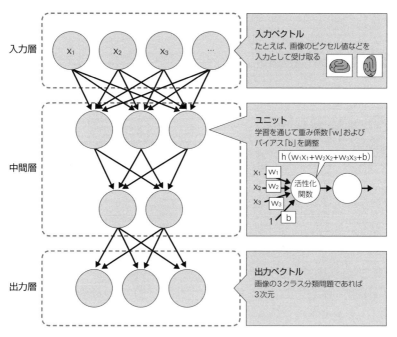

◆ **図4-7　ディープラーニング（CNN）のイメージ**

メージを示します。CNNでは、「畳み込み」という処理を行って、画像の一部分ずつを基に作った「一部分の画像の特徴を表したもの」の集合を作ります（図における、中間層の中の1つの層に該当します）[※3]。この部分的な特徴は、ニューラルネットワークにおける「ユニット」または「ノード」として表されます。ある層と、次の層の各ユニット間の重みをデータに基づいて調整していくことで、どんな特徴を作っていくかを決定していきます。この処理が、「自動的に画像のおおまかな特徴を把握する」ような挙動になっています。

ディープラーニングは大変有用なアルゴリズムである一方、システムで使う上では、次のような2つの問題があります。

問題1　大量のデータが必要

ディープラーニングは画像データ、数値・ラベルデータ、テキストデータのいずれの場合もかなりの量のデータが必要です。目的にもよりますが、最低でも10,000データ以上必要になることが多いです。したがって、データが少ないときは他のシンプルなアルゴリズムのほうが、挙動が安定してよいことになります。

問題2　推定結果の根拠がわからない（ブラックボックス性）

ディープラーニングは複雑な演算を内部で行うことから、推定結果の理由を、人がわからないという欠点があります。

たとえば、ある店舗の商品別の売上予測を行った場合、「鮭おにぎりは20個売れる」といった予測結果は出しますが、「なぜその個数だと判断したのか」ということは説明しません。このことから、店長が結果に納得できず、そのうちに使われなくなっていくといったことが起こります。

このように、人工知能が提示する結果を人が納得して業務を行う必要があるケースでは、ディープラーニングを用いるのに注意が必要です。

ディープラーニングが特に向いているケース、向いていないケースは次のような場合です。

- ディープラーニングが特に向いているケース：精度が重要なとき、データが大量なとき、画像データや自然言語データのとき
- ディープラーニングが特に向いていないケース：学習したモデルや予測の理由を人が理解したいとき、データが少ないとき

▶ **決定木・ランダムフォレスト（判別）**

決定木は図4-8のように、目的変数の値（1・0やYES・NO）を分ける条件を説明変数の中から見付けるアルゴリズムです。

図4-8でいうと、分岐の上のほうにある「年齢」が、当てたいものを判別する上で一番もっともらしいものであり、2段目以降になると段々細かな要因になっていきます。

決定木は精度の点でニューラルネットワークや後述するSVMに劣ることが多いですが、モデルが人にわかりやすいという利点があり、よく使われています。また、決定木は、木構造で「分類」しながら判別するアルゴリズムなので、対象を分類して施策を検討したいようなケースでは使いやすいです。たとえば、商品を購買する人を、人の属性や過去の購買行動などから判別するケースでは、決定木は、「購買しやすい人」の群を抽出します。さらに、学習結果の分岐条件を見て、群ごとにどのような施策をとればよいかを検討するのが実用的です。

また、**ランダムフォレスト**は、学習データの一部をランダムに抽出し、そのデータで決定木を作ることを繰り返して、複数の学習結果を作り、その結果を合議（多くの場合は、多数決）するアルゴリズムです。1つの決定木より高精度になることから、精度が必要なケースで用いられることがあります（このように、複数の予測モデルの結果を併せることをアンサンブル学習といいます）。ランダムフォレストは、解釈性と精度のバランスがよく、実用的なアルゴリズムの1つです。

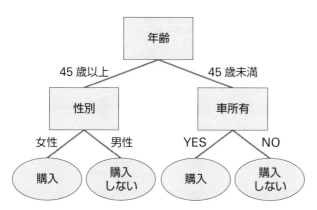

◆図4-8 決定木の出力例

　なお、決定木は判別に用いるものですが、回帰のように数値を推定する条件を木構造で作るアルゴリズムを**回帰木**といい、非常に似ているアルゴリズムです。決定木・回帰木はセットで覚えておくとよいでしょう。
　決定木・回帰木が特に向いているケース、向いていないケースは次のような場合です。

- 決定木・回帰木が特に向いているケース：学習したモデルや予測の理由をシンプルに解釈したいとき、対象をグループ化して施策などを考えたいとき
- 決定木・回帰木が特に向いていないケース：多数の要因が複雑に絡み合っていると想定されるとき（決定木が複雑になりすぎる）

▶**線形分類器・SVM（判別）**
　線形分類器は、データを分けるのに線を引いて判定する手法です。学習が高速であることや、古くから頻繁に使われていることで、参考にできる事例が多い便利なアルゴリズムです。線形分類器の中でも特別使われているものに**SVM**（Support Vector Machine）があり、精度が高

く便利であったことから、「機械学習といえばSVM」というくらい頻繁に用いられていました。SVMは、図4-9のように、判別するための線を作ります。線を境界に、片方を「1」、もう片方を「0」と出力するようなモデルができあがります。線形判別器と異なり、曲線を作ることで複雑なモデルを可能にし、精度が上がります。SVMは精度がよい反面、ディープラーニングと同様に、モデルを人が解釈できないという欠点があります。

なお、実用上は、Kernel関数というものと組み合わせたKernel-SVMという手法がよく使われます。

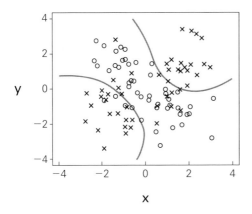

◆図4-9　SVMの学習イメージ

線形分類器およびSVMが特に向いているケース、向いていないケースは次のような場合です。

- 線形分類器が特に向いているケース：説明変数が少なく、単純なルールで判別できそうなとき
- 線形分類器が特に向いていないケース：精度が重要なとき

- SVMが特に向いているケース：データが数値またはラベルで、精度が重要なとき
- SVMが特に向いていないケース：判別の理由を人が解釈したいとき

▶ 線形回帰分析・SVR（回帰）

線形回帰分析は、推定したい数値（目的変数）について、次の式のように他のデータ（説明変数）で計算するルールを学習するアルゴリズムです。図4-10のように、目的変数と説明変数の関係を表す線を作り、その線を用いて、推定したい対象の説明変数（図の場合「22℃」）を当てはめることで、目的変数の値（図の場合「50個」）を推定して出力します。説明変数が1つの場合は「単回帰分析」と呼びますが、実用上は説明変数が複数の場合の「重回帰分析」が用いられます。

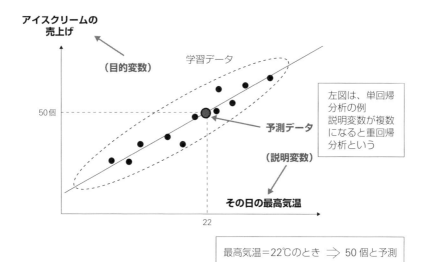

◆ 図4-10 線形回帰分析の例

以下の式のa_1やa_2は「係数」「重み」といわれる値で、その値が大きいほど目的変数に与える影響が大きいことになります。

> $y = a_1x_1 + a_2x_2 + \cdots\cdots + b$
> y ………… 目的変数
> x ………… 説明変数
> a ………… 係数（各変数の重み）
> b ………… 定数項

　線形回帰分析は、学習結果のモデルや、予測の理由が解釈しやすいため実用的であり、人が予測した結果の根拠を理解することが重要なケースではよく用いられます。
　一方で、ディープラーニングや後述するSVRよりも、説明変数を加工して要因の候補を上手に作らないと精度が低くなるケースが多く、分析者のセンスやスキルが要求されることも多いです。
　線形回帰分析が特に向いているケース、向いていないケースは次のような場合です。

- 線形回帰分析が特に向いているケース：目的変数の値に影響している要因を重要度と共に理解したいとき
- 線形回帰分析が特に向いていないケース：精度が重要なとき、説明変数の加工を行う手間やスキルがないとき

　また、線形回帰分析に似た目的・データで用いるアルゴリズムに、**SVR**（Support Vector Regression）があります。これは、前述のSVMを回帰に適用したもので、説明変数の値を関数で加工したようなものを自動で作りながら値を推定することから、線形回帰分析よりも高精度にする手間が少ないことが多いです。
　SVRが特に向いているケース、向いていないケースは次のような場合です。

- SVRが特に向いているケース：データが数値またはラベルで、精度が重要なとき
- SVRが特に向いていないケース：値の理由を人が理解したいとき

▶ロジスティック回帰分析（判別）

　ロジスティック回帰分析は、判別に用いるアルゴリズムで、線形回帰分析のように変数ごとに重みをかけて、そのトータルとして「1」か「0」かを出力するアルゴリズムです。線形回帰分析のように、判別の理由がとてもわかりやすいことから実用的なアルゴリズムです。

　ロジスティック回帰分析は、次のような数式の係数（重み）を調整して、当てはまりのよい（精度のよい）係数（重み）を決定するものです。

$$y = \frac{1}{1 + e^{-(a_1 x_1 + a_2 x_2 + \cdots + b)}}$$

y ………… 目的変数
x_1, x_2 ………… 説明変数
a_1, a_2 ………… 係数（重み）
e ………… ネイピア数（自然対数の底）

　ロジスティック回帰分析が特に向いているケース、向いていないケースは次のような場合です。

- ロジスティック回帰分析が特に向いているケース：判別の理由を重要度と共に理解したいとき
- ロジスティック回帰分析が特に向いていないケース：精度が重要なとき、説明変数の加工を行う手間やスキルがないとき

図4-11に、ここまで説明した各アルゴリズムの特徴をまとめます。なお、本書よりもさらに詳しく「どういうときにどのアルゴリズムを使うべきだ」というフローチャートに、scikit learn※4のWebサイトに記載されているものがあります（参考文献に記載した『仕事ではじめる機械学習』（オライリージャパン）にも類似のものがあります）。以下のURLにありますので、本書に記載のアルゴリズムより応用的なものも含めた判断基準を知りたい場合は参照してください。

URL http://scikit-learn.org/stable/tutorial/machine_learning_map/

アルゴリズムの種類	回帰	判別	特に向いているケース	特に向いていないケース
ディープラーニング	○	○	・精度が重要なとき ・データが大量なとき ・画像データや自然言語データのとき	・予測の理由を人が理解したいとき ・データが少ないとき
決定木		○	・判別の理由をシンプルに解釈したいとき ・対象をグループ化して施策を考えたいとき	多数の要因が複雑に絡み合っていると想定されるとき
ランダムフォレスト		○	・精度が重要なとき ・判別の理由を解釈したいとき	対象をグループ化して施策を考えたいとき
線形分類器		○	説明変数が少なく、単純なルールで判別できそうなとき	精度が重要なとき
SVM		○	精度が重要なとき	判別の理由を人が解釈したいとき
線形回帰分析	○		目的変数の値に影響している要因を重要度と共に理解したいとき	・精度が重要なとき ・説明変数の加工を行う手間やスキルがないとき
SVR	○		精度が重要なとき	予測の理由を人が理解したいとき
ロジスティック回帰分析		○	判別の理由を重要度と共に理解したいとき	・精度が重要なとき ・説明変数の加工を行う手間やスキルがないとき

◆図4-11　教師あり学習の代表的なアルゴリズム

教師なし学習

教師なし学習とは、「目的変数」を与えることなく、データや変数をグルーピングするものや、変数間の関係性を学習するものなど、さまざまなものがあります。ビジネス用途では、顧客を分類してグループごとに施策を考えるケースなどでよく用いられます。

このようなケースでは、「毎回違った角度で分析する」ことが多く、人が毎回方針を考えて実行することが多くなります。そのため、定常的に実行して結果を表示するようなシステムとの相性は悪く、多くの場合はツールを実行できる環境を用意しておき、人が必要に応じて操作することが多いです。

本書では、そのような、人が場合によって分析を変えるケース（アドホック分析と呼びます）を対象にしていないので、多くの説明は割愛します。しかし、教師あり学習のアルゴリズムに対して学習データを投入する前に、目的変数や説明変数の加工のために教師なし学習を用いることがあり、まったく無関係というわけでもありません。そこで、ここでは教師あり学習と関係が深い、教師なし学習のアルゴリズムに絞って説明します。

▶クラスタリング（k-means・階層型クラスタリング）

クラスタリングとは、対象を分類する手法です。クラスタリングには、目的変数という考えはなく、すべての変数が説明変数として動きます。クラスタリングには、非階層型クラスタリングと階層型クラスタリングの2つの種類があります。

非階層型クラスタリングとは、木構造のような構造を持たず、対象を分類するものです。代表的な手法に**k-means**があります。

k-meansは、はじめにグループ数を決めて、その数にグルーピングする方法です。設定したグループ数だけ、ランダムにグループを作り、それぞれのグループの中心を算出し、その中心から近い対象を選び、再び

グループを作る、という手順を繰り返して、最適なグループを探します。グループ数を与えれば簡単に動くことから、顧客の分類などにおいてよく使われます。図4-12にk-meansの結果の例を示します。図のように、近いものを集めたグループを作ります。

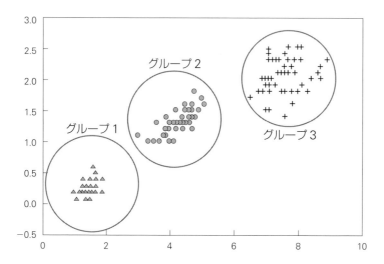

◆図4-12 k-meansの例

　一方で、各グループに割り当てられるデータ数が一定ではないことや、最初に行うランダム割当て処理に結果が依存すること（再実行すると結果が変わる）から、結果を鵜呑みにしすぎないことが必要です。近年では、これらの問題のために改良された**k-means++**というアルゴリズムがよく使われます。

　階層型クラスタリングは、グループ数は決めずに、説明変数同士の値が近い（正しくは、説明変数を各次元に割り当てた空間上の距離が近い）2つの対象を同じグループにして、そこから次に近い2つを同じグループにして、という手順を繰り返す方法です。最終的にできるクラスタが図4-13のように木構造の形をしていることから、階層型クラスタリングと呼ばれます。図の例では、「DさんとGさん」の距離が最も近く、最

初にグループを作り、次にFさんとのグループを作り、という順で徐々に木を作っていきます。距離の計算方法の違いなどから、最短距離法、最長距離法、Ward法などの種類があります。階層型クラスタリングは、できあがった木構造から一定の深さのときの分類を出力することで、同じ木構造から「5グループに分類した結果」、「10グループに分類した結果」などを同時に出力することができる特徴があります。

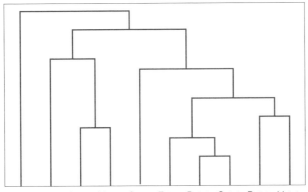

◆図4-13　階層型クラスタリングの例

　非階層型クラスタリングと階層型クラスタリングのどちらを使うかは、分析者の好みです。どちらにしても、データの標準化など、データの空間（分布）を安定させないとおかしな結果になるという特性があり、教師あり学習以上に分析者のスキルが必要になる点に注意しましょう。

▶ **主成分分析**
　クラスタリングと並んでよく使われる方法に、**主成分分析**があります。主成分分析は、英名のPrincipal Component Analysisの頭文字をとってPCAと呼ぶこともあります。
　これは、高次元のデータを低次元にまとめる「次元圧縮」の手段として用いられます。たとえば、健康診断のデータにおける各種測定値（最

高血圧・最低血圧・体脂肪率など）は、互いに相関が高いものが多く含まれます。このようなデータに対して主成分分析を行うと、いくつかの説明変数をまとめた軸が第1主成分・第2主成分……としてできあがります。出力される主成分には、次のような特徴があります。

特徴1 **少ない数の主成分を用いるだけで説明変数の多くの特徴を反映できる**

　主成分分析は、説明変数と同じ数の主成分を作成しますが、それぞれの主成分には「寄与率」「寄与値」といった、「その主成分が説明変数全体の特徴の何パーセントを表現しているか」を示す値が付与されて出力されます。

　寄与率は第1主成分が最も高く、第2、第3主成分と続くと段々下がっていきます。たとえば、第1～第10主成分で合計95％の寄与率となっているときは、「第10主成分までの10個で全体の特徴の95％を表現できている」ということを意味します。そこで、説明変数が非常に多く、実行時間や過学習の問題が起こっているときに、主成分分析を行うことで改善されることがあります。

特徴2 **主成分同士が直交している（≒無相関である）**

　主成分分析で作られる主成分は、互いに「直交している」という関係があります。これは、第1主成分を各説明変数（x_1, x_2, x_3…）から作るときの重みをa_1, a_2, a_3…、第2主成分を各説明変数から作るときの重みをb_1, b_2, b_3…としたときに、$[a_1, a_2, a_3…]$ベクトルと$[b_1, b_2, b_3…]$ベクトルの角度が90°であることを意味します。また、各主成分同士は無相関であるという特性を同時に持ちます。

　教師あり学習において、説明変数に相関が強いものが含まれると、どちらの変数を重視するのかが判断できずモデルが不安定になってしまう問題が起こります（このように説明変数同士の相関が強い状態を「多重共線性がある」といいます）。多重共線性がある状態での学習は、モデルが不安定になり異常な予測結果を出しやすくなります。それを防ぐため

に主成分分析を行い、その結果を説明変数にすることがあります。

　なお、主成分分析のような次元圧縮アルゴリズムには、**t-SNE**など他にも応用的な方法があります。説明変数数が多すぎるなど次元圧縮が必要なときには、調査して試すとよいでしょう[※5]。

　CASE STUDYでは、正則化付き重回帰分析を採用しました（正則化については147ページで詳しく説明します）。顧客へのアルゴリズムの採用理由を説明した文書を図4-14に示します。

学習モデルについて

今回は正則化付き重回帰分析を採用しました。

正則化付き重回帰分析とは

複数の説明変数の中から目的変数との関連性の大きい変数に絞り込んで、モデルを構築する方法

採用の理由

- 学習対象のデータ数が500件～2,000件であり、ディープラーニングなど大量のデータを要する複雑なアルゴリズムは不適である
- 重回帰分析は、各変数の重みがわかり、その重みを解釈することで売上げに影響を与えている変数がわかるため適している
- 正則化は過学習[※]を防ぐことができることに加え、変数を絞り込むことで、売上げに関係がある要因の候補がシンプルになる効果があるため適している

※ 過学習とは
学習したデータの特殊な特徴をつかんでモデル化してしまうこと。過学習した場合、未知のデータに当てはめて予測した際に誤差が大きくなる。

◆ 図4-14　学習アルゴリズムの選択結果とその説明

4.5 データの加工

CASE STUDY データの加工

　エンジニアの秋田さんは、プロマネの森口さんにデータ加工の方針を説明しています。

　秋田さん「説明変数に使う売上げデータですが、競合店のイベントを読み切れない影響からか、連続する同じ曜日でもだいぶバラつきがあるので平均をとりたいと思います。もちろん祝日による影響などは考慮します」

　森口さん「OKです。イベントやキャンペーンはどうしますか？」

　秋田さん「キャンペーンの種類が多すぎますね。このまま学習しても何も起こらないと思うので、手動での分類が必要です」

　森口さん「では、分類の素案を作ってください。十貨堂の担当者に確認をとりましょう」

データの加工プロセス

　人工知能（機械学習）に学習データを入れる前に、**データを加工**します。データの加工はフォーマットを合わせるだけではなく、精度を上げることや、予測結果が不安定になるのを防ぐことも目的です。また、データの加工を学習よりも前に行う処理という意味で、「**前処理**」と呼びます。

目的変数の加工

まず、目的変数を4.2で定義したような集計粒度で集計します。よく行うのは、**グループ化**や**ラベル化**です。

▶ グループ化

グループ化とは、複数の目的変数を統合する処理のことです。たとえば、商品の需要予測をする場合は、商品別の売上金額が目的変数になりますが、商品点数が非常に多すぎるときに、商品タイプなどでグループ化して合算した売上げを目的変数にします。グループ化の際には、商品タイプなどの人の知識で分類することが一般的です。人での分類が困難なときには、クラスタリング（109ページ参照）を行った結果でグルーピングすることも実用的です。

▶ ラベル化

ラベル化とは、数値データを「1」「0」などのラベルデータに変換する処理です。目的変数が数値の場合、回帰として学習することが通常ですが、システムの目的によっては一度変換してラベルとして推定させたほうがよいことがあります。

たとえば、ビルの電力データから、規定以上の電力量を消費するときを予測するシステムの場合、規定以上の電力値以上になるかどうかのラベルに変換します（例：2,000KWH以上が「1」、未満が「0」）。この場合、回帰として学習することもできますが、回帰は、目的変数の中の非常に大きい値に左右されやすいため、判別のほうが、学習結果が安定することがあります。

説明変数の加工

次に、**説明変数の加工**を行います。データの量・種類やアルゴリズムによりますが、説明変数を無加工のまま学習させると、よい精度にならないことがよくあるため、加工を行う必要があります（「説明変数の二次加工」「特徴量作成」「属性作成」などと呼ぶことがあります）。ディープラーニングなど、説明変数の加工を学習処理の中で自動的に行うものも増えてきましたが、多くのケースでは、適切な説明変数を人手で作る必要があります。

よく行う説明変数の加工方法を以下に示します。

▶自己回帰変数の作成

目的変数が時系列データの場合、目的変数の過去の値（例：先週の売上げ、昨年同時期の売上げ）を説明変数として入れることがあります。これを**自己回帰変数**と呼びます。

自己回帰変数は、次に説明する平滑化などを行うほか、差分をとるなどの処理（例：先々月と先月の差）をすることが多いです。

▶平滑化

説明変数が時系列データのとき、ノイズが多くギザギザしていると、人工知能がノイズを過度に学習してしまうことで挙動が安定しないことが多いため、ノイズをあらかじめ除去します。

ノイズ除去の方法は多数ありますが、よく使われるのは移動平均法、ローパスフィルタ、ハイパスフィルタです。

移動平均法は、前後n点の平均値を計算して値を置き換える方法です。機械学習の場合「前後」にしてしまうと、その時点よりも未来のデータを含んでしまうため、「前n点の平均値」にすることもあります。移動平均法の結果のイメージを図4-15に示します。図のように、値のギザギザを消したような線を作って説明変数にします。

特定の周波数成分をカットするのが**ローパスフィルタ**、**ハイパスフィルタ**です。ローパスフィルタは移動平均法に似ていてギザギザを消します。ハイパスフィルタは、大きな波を消してギザギザだけを残します。ローパスフィルタは売上げデータのようなトレンド解析の際に使うことが多く、ハイパスフィルタは機械の挙動データの異常検知など、瞬間的な挙動が不安定になることなどを学習したいときに使うことが多いです。

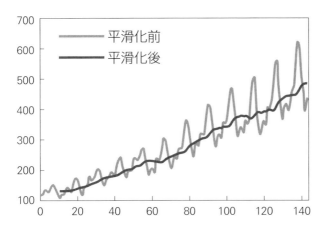

◆図4-15　平滑化の例

▶ラベルデータのグループ化

　説明変数にラベルデータがあるときには、値の種類数に気を付けることはデータ観察（4.3参照）で説明したとおりです。

　そして、値の種類が多すぎるときは、**グループ化**します（例：「都道府県」というデータを「地方」というデータに変える）。グループ化を怠ると、学習データの中に1件しかない変数などを作ってしまい、「その1件がどうだったか」という「たまたま」を過度に評価してしまう状態（過学習。詳細は4.9参照）を引き起こしやすくなります。

▶ **複数の説明変数の合成・次元圧縮**

　説明変数を合成して作成することがあります。たとえば、体重と身長からBMIという指標を作成します（作成した変数を合成変数と呼びます）。これに限らず、説明変数同士の和・差・積・比などを作成します。

　また、説明変数の数が多すぎるときには、多くの説明変数を1つの変数に統合することがあります。説明変数の数を次元数と呼ぶことがあり、説明変数を統合することで次元数が減ることから、「**次元圧縮**」とも呼ばれます。最もよく行われる次元圧縮の方法が主成分分析です。複数の説明変数を基に主成分分析を実行し、主成分の値を説明変数にします。

　ディープラーニングなどのアルゴリズムでは、このような合成変数作成や次元圧縮を内部で実行するため、処理が不要なことが多いです（ディープラーニングの利点です）。一方で、線形回帰分析やロジスティック回帰分析などのアルゴリズムの場合、精度を上げるために必要な処理になります。

 異常値処理

　目的変数、説明変数のどちらも、異常な値が多くあると、うまく学習されないことがよくあります。そのため、異常値は**学習の前に削除や編集を行う**ようにします。

　数値やラベルデータにおける主な異常値のタイプは、次のとおりです。

- 欠損（例：値が空欄である、nullという値が入っている）
- 異常に大きいまたは小さい数値（例：年齢の列に「9999」という値がある）
- あり得ないラベル（例：都道府県の列に「品川区」と入っている）

　これらは、異常値を判定するルールを作り、検出します。異常値を判断するルールを検討する際には、一度データを目視確認して、どんな異

常値が多いのかを確認してからルールを作成します。
　異常値があったときに行う処理は、主に次の２つです。

- **異常値があったデータを削除する**
- **異常値を、別の正常な値に置換する**

　上記２つのどちらを行うかは、異常値の割合や値の置換のしやすさから判断します。異常値の頻度がまれで、時系列データの場合は、置換しやすくなります。逆に、連続して数十データが異常といったケースでは置換は困難です。
　異常値の置換には、次の３つの方法があります。

- 前後の値の平均値など値の系列から推定して入れる（時系列順に並んでいる場合）
- 他の説明変数の値から推定するルールを作り、そのルールに基づいて入れる（例：「天気」という値が欠損しているときに、「降水量が１以上なら雨、それ以外は晴れ」と入れる）
- 「その他」「異常」などの決められた値を入れる（主にラベルデータの場合）

学習データのデータ数に関する加工

　学習データの傾向が普通でないときには、**人にとっては違和感がある結果を出力してしまう**ことがあります。典型的なのが、「学習データのデータ数に著しく偏りがある」というケースです。
　たとえば、人の過去の購買記録から、ある商品を買う人を予測するモデルを作りたいとします。学習対象者が10,000人いて、そのうち30人が実際にその商品を買った人だとします。
　この場合、目的変数は「1. 買った」「0. 買わない」という２つの値

の判別問題を人工知能は学習することになります。しかし、学習データの中の「1. 買った」は30人であるのに対し、「0. 買わない」は9,970人になります。このデータをそのまま学習させると、「全員が買わない」という結果を出してしまうことが多いです。買った30人が全体の中で少なすぎるため、予測精度を高くするなら全員を買わないと判断するのがよいと考えてしまうのです。

　このようなケースでは、「**リサンプリング**」という処理を行います[※6]。リサンプリングとは、学習データをそのまま使うのではなく、学習データの一部だけを使って学習したり（**アンダーサンプリング**）、学習データの一部を複製して多くの件数にしたり（**オーバーサンプリング**）することです。

　簡単なやり方は、学習データ内の正例（1の値）と負例（0の値）の数の比率を1：1や1：2などにすると決め、正例は全件、負例は正例の数と比率から計算できる数をランダムで抽出するという方法です。これはアンダーサンプリングになります。

　同様に、負例のデータは全件用いて、負例の数と比率から計算された正例数の分だけ正例を複製する方法もあります。これはオーバーサンプリングです。

　上記の方法は単純で使いやすいものです。また、単に複製するだけではなく、類似するデータを新たに作成するオーバーサンプリング方法にSMOTE[※7]があり、便利なのでよく使われています。

　実用上はアンダーサンプリングとオーバーサンプリングはどちらでも精度に大差ないことが多いですが、学習データをすべて使うという理由で、オーバーサンプリングのほうがより学習データの状況を表していることになります。

学習データが画像データの場合の加工

ここまでは、数値データ、ラベルデータについて解説しましたが、ここからは学習するデータが画像データの場合に行う加工処理について説明します。

▶画像データの場合の異常データ処理
画像データにおける主な異常データのタイプは、次のとおりです。

①サイズが異常に大きいまたは小さい
②解像度が異常に低い
③意味をなさない画像（例：写真データなのに全面黒一色など）

これらも数値・ラベルデータのときと同様に、まずは目視をして確認し、そのあとに異常データの判断ルールを作って異常データを抽出します。数値やラベルと異なり置換が難しいため、抽出した異常データは削除することが多いです。画像データが非常に多いときのディープラーニングの学習では、異常な画像があっても問題なく学習できることも多く、数値・ラベルデータほど異常データに対して敏感にならなくてもよいことがあります。

▶画像データの場合のデータ増幅
画像データのときも、前述したオーバーサンプリングのようにデータを増やす処理を行います。画像データでよく使われるデータ増幅の方法に**データオーグメンテーション**があります。

これは、1つの画像からさまざまな他の画像を生成する方法です。主に次の処理を行います。

● 反転・回転

- 色の変更（明度・彩度を変更する）
- 拡大・縮小
- 別の画像との合成（たとえば商品の画像を、さまざまな背景画像と合成する）
- 部分画像抽出（画像の中の一部だけを取り出す）

　上記の処理を行うことで、元のデータの100倍以上の数のデータを作成して、学習させます。ディープラーニングは、データ数が非常に多いときに精度がよくなるものなので、「画像データ＋データオーグメンテーション＋ディープラーニング」は、画像データ学習の王道パターンになっています。

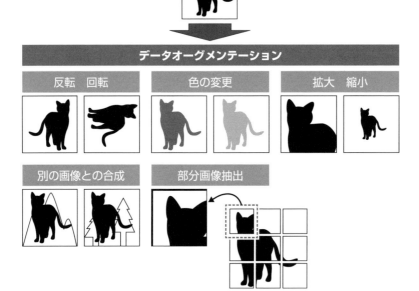

◆図4-16　データオーグメンテーションの例

学習データがテキストデータの場合の加工

　自然言語データを中心とするテキストデータの場合の加工方法を説明します。単語だけの場合はラベルデータとみなして処理することができますが、自然言語データの場合は、同じ意味のものを複数の表現で書いていることや、文章が長くて複数の意味が含まれていることがあるため、加工なしで学習してもうまくいかないことがあります。
　自然言語データのときの加工処理について説明します。

▶自然言語データの場合の異常データ処理
　自然言語データにおける主な異常データのタイプは、次のとおりです。

①文字数が非常に少ない（例：文章を入れるべき項目に名前だけ書いてあるなど）
②誤字・脱字

　これらは判定が難しいので、自然言語データの異常データは、完全には削除・修正しきれないと考えたほうがよいでしょう。異常値が含まれている前提で、方法の設計や評価を行うようにします。
　異常値があっても、頻度が少なく、かつ、学習データ量が多ければ、学習はうまくいくものです。そこで、自然言語データは、データ量が重要になることが多いです。

▶自然言語データのみの場合の学習方法
　自然言語データの学習において使われるものの1つに、**リカレントニューラルネットワーク（RNN）**があります。これは、文章内の単語の登場順序などを学習する、ディープラーニングのアルゴリズムの1つです。
　判定対象の文章が犯罪行為と関係しているかどうかの判断や、判定対

象の文章が何歳の人が書いたのかの推定など、「判別」「回帰」を文章データから直接行うようなケースで、よく用いられます。

他に、後述するWord2vecやLDAなどを用いて文章中の特徴的な情報を作り、それを説明変数として、「判別」「回帰」を行うこともあります（アルゴリズムは、数値・ラベルデータのときと同様に、ディープラーニングやSVM、ロジスティック回帰分析など、これまでに説明したものを用います）。

▶ 学習データが自然言語データと数値・
　ラベルデータの両方である場合の学習

たとえば、Twitterなどのソーシャルメディアのつぶやき情報と、株価や気象などの時系列の数値情報から、将来の売上予測を人工知能に行わせるケースを考えます。つぶやき情報がない場合は通常の「回帰」と同じですが、つぶやき情報がそのままでは人工知能が理解することができません。そこで、複数のつぶやき情報を束ねて「量」の情報にします。

「売上量」「降水量」などのデータは、一定期間の売上げや降水の量を合計して数値情報にしています。これと同様に、「今月のA商品に関するつぶやきの量」といった数値情報にして学習データに加えます。

大量にある自然言語データ（以下、文章群と呼びます）から、学習データに、数値情報にして加えるパターンを説明します。

① 文章群の中にある特定の単語が登場する回数（例：商品名ごとに登場する回数をカウントする）
② 文章群の中にある特定の複数の単語が共に登場する回数（例：商品名と、「おいしい」「好き」などポジティブな意味の単語が同時に登場する回数をカウントする）
③ 文章群を、特定の意味を示す文章ごとにグルーピングしておき、グループごとに登場する回数（例：観光地に関するつぶやきを、食べものに関するつぶやきと名跡に関するつぶやきにグルーピングして、グ

ループごとに登場する回数をカウントする）

　上記のうち①や②の処理は、文書群の中の単語の登場回数をカウントしておき、カウント結果が上位の単語を使用する方法や、TF-IDF法などの特徴語抽出方法で各文章の特徴語を作成しておき、その特徴語を使用する方法があります。なお、TF-IDF法とは、文章群の中には多く含まれない（IDF値といいます）が特定の文章には多く含まれる（TF値といいます）単語を、その文章の特徴語として評価する方法です。図4-17に、TD-IDF法の式を示します。

$$TF - IDF_{i,j} = TF_{i,j} \cdot IDF_i$$

$$TF_{i,j} = \frac{n_{i,j}}{\sum_k n_{k,j}}$$

ある文書における
ある単語の出現回数

ある文書における
すべての単語の出現回数

$$IDF_i = \log \frac{|D|}{|\{d: d \ni t_i\}|}$$

総文書数

ある単語を
含む文書数

TF : Term Frequency
IDF : Inverse Document Frequency

◆図4-17　TF-IDF法の式

　また、③の処理では、一度文章や単語同士の類似性を判定する必要があり、それにはLDA（Latent Dirichlet Allocation）やWord2vecなどの方法を使います。
　LDAは、文章を構成しているトピックの確からしさ（確率分布）を自動で作る方法で、文章をグルーピングしたいときに最もよく用います。

Word2vecは、単語の関係性についてニューラルネットワークを用いながら推定して、単語それぞれに「ベクトル」を与えるアルゴリズムです。単語同士のベクトルが近いときは意味が近いことや、単語同士の和や差で別の単語を表現できる（例：ロンドンーイギリス＋日本＝東京）ことが特徴で、近年注目されている方法です。しかし、大量の文章を学習させる必要があったり、学習対象の文章によってベクトル空間が変わったりするなどの難しさもあるため、利用時は学習結果の単語同士の関係性を確認して、人の知識と同じように学習できているかを確認する必要があります。

　以上のように、データの加工はデータの種類や人工知能の目的によって多岐にわたり、実務で取り扱うデータの加工方法を調べながら、実際に行ってみて身に付けていくのがよいでしょう。
　CASE STUDYでは、図4-18のように気象データに関する集計処理や過去の売上げに関して自己回帰変数を導入することにしました。

トライアル分析の利用データ

トライアル分析の利用データを次に示します。

目的変数

分類	変数名	型	説明
売上情報	予測対象日の売上数	数値	ー

説明変数

分類	変数名	型	説明
カレンダー情報	予測対象日の曜日フラグ	カテゴリ	0:日、1:月、2:火、3:水、4:木、5:金、6:土
	予測対象日の休日フラグ	カテゴリ	0:休日ではない、1:休日
販売時実績	○日前の販売実績	数値	
	同曜日の販売平均	数値	
天気情報（予測対象日）	予測対象日の降水量の合計（mm）	数値	学習区間:予測対象日（=予測実行日の1日後、2日後、3日後）の天気実績
	予測対象日の最高気温（℃）	数値	
	予測対象日の最低気温（℃）	数値	予測区間:予測対象日（=予測実行日の1日後、2日後、3日後）の天気予報
天気情報（予測対象日1週間前）	予測対象日1週間前の降水量の合計(mm)	数値	学習区間・予測区間とも、予測対象日1週間前の天気実績
	予測対象日1週間前の最高気温（℃）	数値	
	予測対象日1週間前の最低気温（℃）	数値	
イベント	定期イベント	カテゴリ	0:なし、1:正月、2:バレンタイン、3:七夕、4:ハロウィン、5:クリスマス
	ローカルイベント	カテゴリ	0:なし、1:運動会、2:ライブ、3:花火大会、4:納涼祭
キャンペーン	値下げ	カテゴリ	0:対象外、1:対象
	セット販売	カテゴリ	0:対象外、1:対象

◆図4-18　人工知能に投入するデータの例

4.6 結果の評価（1） －評価指標の決定－

CASE STUDY　評価指標

　エンジニアの秋田さんは、評価指標についてプロマネの森口さんと相談しています。
　秋田さん「評価指標ですが、まずは平均誤差率と過学習度合いを評価しますね」
　森口さん「OKです。ただ廃棄量と欠品を減らすという目的からすると、副次的に各予測値のブレ方も見ておいたほうがよいでしょうね」
　秋田さん「そうですね。最大誤差や上振れ誤差もチェックします」
　森口さん「先方はキャンペーンや気象の影響があるのかをすごく気にしていたので、精度だけではなく、モデルの様子もレポートしましょう」
　秋田さん「わかりました」

評価指標を決める

　アルゴリズムを決めてデータを作成したら、人工知能（機械学習）にデータを学習させて、結果を評価します。
　トライアルにおいては、学習を実行する前に**評価指標を決めておいたほうがよい**でしょう。評価指標を決めることは、目的に合った適切な処理を作ることにつながるからです。

ここで、機械学習を用いた人工知能システムのトライアルでは、次のような評価指標がよく用いられます。

①精度
ほとんどのケースで最も重要とされる指標です。機械学習を用いたシステムは、過去のデータから学習した結果を基に、未知の何かを推定するものが基本だからです。

②解釈性
結果を人が解釈しやすいか、人が理由を理解して業務ができるか、という観点での評価です。たとえば、機械学習で異常検知を行うモデルを作ったときに、異常の検出精度だけではなく、「どういう理由で異常と判断したか」という点を解釈できることは大切です。その理由を人が解釈することで、異常の原因を推定して修理するなどの行動をとることができるからです。

③過学習度合い
過学習は、機械学習では高い頻度で起こる現象であるため、予測結果を評価するときに、過学習していないかチェックします。

④実行時間
機械学習は、学習処理に時間がかかることがあり、システム化する際に問題になる可能性があります。そのため、トライアル段階でも実行時間を記録しておき、システム化したときに問題がなさそうかを確認します。

次節からは、これらのうち、①から③の詳細な評価方法について説明します。

4.7 結果の評価（2） ―精度の評価―

CASE STUDY 精度の評価

プロマネの森口さんは、エンジニアの秋田さんから評価結果の報告を受けています。
森口さん「秋田さん、精度はどうでしたか？」
秋田さん「想定の範囲内で、悪くはなかったです。懸念していた上振れ誤差も悪くなく、発注のシミュレーションを行いましたが、現行よりもよい結果になりました」
森口さん「それはよかったです。では報告書を作ってください」

精度評価は学習データだけでは絶対にやらない

精度の評価において誤ったやり方を行い、人工知能を過大評価することは非常に危険です。

そのため、精度の評価に際しては、データを**「学習データ」と「評価データ」に分けて検証**します[8]。なぜなら、人工知能が学習したデータに対しての精度は高くなってしまうという現象が起きるからです（これを過学習と呼びます）。

学習データと評価データの分け方は、ランダムに分ける場合とデータの区間で分ける場合があります。どちらの分け方にするかは、次のような基準で決定します。

- 人の年齢の推定など、データの順序に意味がないもの
  ⇒ 評価データをランダム抽出で選ぶ
- 売上予測などデータが時間順に並んでいるもの（時系列データ）
  ⇒ データを一定の期間で分けて、学習データと評価データにする

なぜ時系列データの場合にランダム抽出しないかというと、季節トレンドなどを学習できているかどうかを検証しづらいことや、「未来を学習して過去を予測する」という実用上あり得ないものを評価することになるからです。

たとえば、2016年と2017年の2年分（＝731日）のデータがあったとき、そこからランダムに70日分のデータを抽出して評価データとして、それ以外を学習データにしたとします。そうすると、評価データが2016年1月3日、1月19日、2月12日……というようにバラバラの期間になって評価しづらい上に、学習データが評価データに対して「未来」のデータを含むことになり、「未来を学習して過去を予測する」ことになり問題があります。

図4-19に、学習データと評価データを分けた評価手順のイメージを示します。この図ではデータを2つに分割していますが、データ群をk個に分割して、そのうちの1つを評価対象データに、残りを学習対象データに分ける実験をk回繰り返す**k分割交差検証**（k-fold cross validation）もよく用いられます。これは、全データの精度を検証できることからより正確に精度を評価できます。一方で、目的変数が時系列データの場合は、「未来で学習して過去を予測する」などの実用と違う評価を行ってしまうことにもなり、順番が逆にならないように2分割のみで評価するようにします。

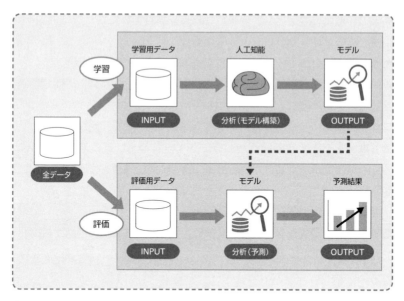

◆図4-19 学習と評価のデータを分けるイメージ

よく用いる精度評価指標

よく用いる精度評価指標は、次のとおりです。

▶回帰における評価指標

回帰の場合は、図4-20のように、評価対象データにおける、正解の値(**実績値**)と機械が推定した値(**予測値**)の差(誤差)を基に評価します。以下に、回帰の場合によく用いる評価指標について説明します。

平均誤差(MAE)……誤差の絶対値の平均値
平均二乗誤差(RMSE)……誤差の二乗の平均値の平方根

予測対象	実績値	予測値	誤差
2017.1.1	120	114.5	5.5
2017.1.2	102	103.4	-1.4
2017.1.3	87	100.2	-13.2
2017.1.4	68	72.4	-4.4
2017.1.5	92	79.0	13.0
2017.1.6	112	109.3	2.7
⋮	⋮	⋮	⋮
2017.1.29	109	112.3	-3.3
2017.1.30	141	130.5	10.5
2017.1.31	134	128.6	5.4

◆図4-20　回帰の結果の例

　この2つは似た意味ですが、多くの機械学習のアルゴリズムはRMSEが最小になるように学習しているので、ソフトウェアの出力はRMSEであることが多いです。

　一方で、実業務に照らし合わせたときに、外れ度合いと損失の関係などを考えるとMAEのほうがよいことも多いです。

> 誤差率（MAPE）……（誤差の絶対値／実績値）の平均値

　誤差率は誤差を実績値で割ることによって、値を標準化（比較しやすい形に）しているもので、使いやすい指標です。よく使われる「平均誤差5％」などは、このMAPEを示していることが多いです。

　MAPEに近い指標に、**MAE／平均実績値**があります。MAPEよりも、各実績値の大小の影響を受けづらいため、こちらを誤差率と呼んでいるケースもあります。

　各指標の数式を図4-21に記します。

$$MAE = \frac{1}{n}\sum_{k=1}^{n}|f_i - y_i| \qquad RMSE = \sqrt{\frac{1}{n}\sum_{k=1}^{n}(f_i - y_i)^2}$$

$$MAPE = \frac{100}{n}\sum_{k=1}^{n}\left|\frac{f_i - y_i}{y_i}\right| \qquad \frac{MAE}{\text{平均実績値}} = \frac{\frac{1}{n}\sum_{k=1}^{n}|f_i - y_i|}{\frac{1}{n}\sum_{k=1}^{n}|y_i|}$$

n：データ数
f_i：予測値
y_i：実績値

◆図4-21　誤差指標の例

誤差率が低くても精度がよいとはいえないケース

　図4-22の予測結果は、実績の増減（ギザギザ）の傾向をとらえていませんが、平均誤差率は0.5%と、非常に低い値になっています。

　このように誤差率は予測対象の平均値とバラつき（分散）によっては非常に低い数値になってしまうことに留意しながら、誤差率を出しながらもグラフを描くなど複数の視点で評価するようにしましょう。

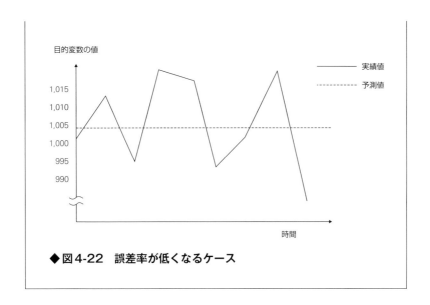

◆図4-22　誤差率が低くなるケース

　上記以外に特定用途で用いられることが多い精度指標には、次のものがあります。

・最大誤差値
　評価データ中の最大の誤差の値です。実務上、平均的な当たり具合よりも、最も外れたケースが重要な場合に採用します。

・一定値以上の誤差値の割合
　評価データの中に、一定値以上の誤差値が含まれる割合です。実務上、一定までの誤差値は許容できる場合に採用します。

・上振れ誤差率
　予測値が実績値よりも大きい誤差のみを抽出し、その平均値を平均実績値で割った値です。予測値が高めに外れることで問題が起こるケースで用います。

- **下振れ誤差率**

　予測値が実績値よりも小さい誤差のみ抽出して、その平均値を平均実績値で割った値です。予測値が低めに外れることで問題が起こるケースで用います。

　これらの指標の中から、機械学習を用いたシステムが行う目的に応じて、どのような指標がよいのかを判断して選ぶことになります。

▶ **判別における評価指標**

　判別の場合は、図4-23のように、評価対象データにおける、正解のラベル（実績値）と機械が推定したラベル（予測値）の一致率などを基に評価します。

予測対象	実績値	予測値	スコア
A001	1	1	0.95
A009	1	1	0.93
A102	0	1	0.91
A201	1	1	0.90
A052	1	1	0.89
A243	0	1	0.88
⋮	⋮	⋮	⋮
A192	1	1	0.51
A031	1	0	0.49
A414	0	0	0.47
⋮	⋮	⋮	⋮
A219	1	0	0.04
A420	0	0	0.02
A306	0	0	0.01

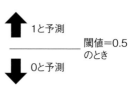

◆ **図4-23　判別の出力例**

また、多くの判別のアルゴリズムでは、予測値の他に、「スコア」と呼ばれる、「値が1であるかどうかの度合い」が出力されます。この「スコア」に対して「閾値」として「スコアが0.5」以上を「予測値1」、「スコア0.5未満」を「予測値0」だと判断したのが図の状態です。しかし、「閾値」を変化させることで、1と推定する対象を増やしたり減らしたりすることができます。そこで、閾値を変化させながら評価指標を算出し、システムの目的に合った閾値を探します。

　以下に、判別の場合によく用いる評価指標について説明します。

・適合率・再現率

　判別モデルの評価の基本は、図4-24のような**混同行列**というものを作ることです。これを見ることで、機械学習が実際の正例（1であるデータのこと）をどれくらいカバーできているのかや、機械が正例だといったものはどれくらい正解しているのかを確認することができます。

		実績値	
		P	N
予測値	P	TP	FP
	N	FN	TN

P：Positive（正例）
N：Negative（負例）

		実績値		合計
		P	N	
予測値	P	200	50	250
	N	100	400	500
合計		300	450	750

◆図4-24　混同行列の例

　上図の表を作り、TP、FN、FP、TNに入る値を組み合わせて、次の精度指標を計算して評価します。

- **適合率**（Precision）＝TP／(TP＋FP)
- **再現率**（Recall）または**感度**（sensitivity）＝TP／(TP＋FN)
- **特異度**（specificity）＝TN／(FP＋TN)
- **偽陽性率**（False positive rate）＝FP／(TN＋FP)

　これらのうち、適合率と再現率は、それぞれ「人工知能が正例だといったものがどれくらい合っているか（**正解率**）」と「本当は正例なものをどれくらい正例だといえているか（**カバー率**）」と読み替えることができ、便利なので最もよく用いられる評価指標です。

　また、特異度は、「本当に負例なもののうち、人工知能が負例だと判定できたものの割合」です。これらは犯罪者の検知や重大疾患の検査など、「安全である（＝負例である）」と判定することも重要な用途のときに用いられます。

　各指標は、図4-24に記載した例の場合、次のようになります。

- **適合率**：200／(200+50)＝0.8
- **再現率**：200／(200+100)≒0.67
- **特異度**：400／(50+400)≒0.89

　また、判別のアルゴリズムは、目的変数が1、0のどちらなのかを推定して予測値として出力するものですが、ロジスティック回帰分析やディープラーニングなど多くのものでは「スコア」と呼ばれる「1である可能性が高い度合い」が併せて出力されます。このスコアに対して、「スコアが0.5」を閾値として、「スコアが0.5以上」を「予測値1」、「スコアが0.5未満」を「予測値0」として出力したのが図4-24の状態です。これに対して、閾値を変化させて「どこから上を1として出力させ

るか」を決定するのが実務上重要です。

　この閾値を変化させると、混同行列の値が変わり、適合率と再現率が変わります。一般に閾値が高いと、より機械が「自信がある」ところだけを1とみなすので、適合率が上がります。しかし、高い閾値によって1と推定する対象が減るので再現率は下がります。このように、適合率と再現率はトレードオフの関係にあります。

　適合率と再現率が両方ともバランスよく高いことを評価するために、適合率と再現率の調和平均をとったF値を総合的な精度指標として用います。

> F値＝（2×適合率×再現率）／（適合率＋再現率）

　閾値を変化させると、適合率と再現率が変わることを利用して、業務上適切な閾値を設定するようにします。そのための閾値設定には、次のように「**ROC曲線**」や「**Lift曲線**」を描画して決定します。

・ROC曲線による閾値設定

　ROC曲線は、Receiver Operating Characteristicの略で、閾値を変化させたときのTP、FPを算出し、その関係を描画した図です。縦軸は評価データの正例数の中のTPの割合（＝再現率）、横軸は負例数の中のFPの割合（＝1－特異度）です。閾値を変化させるとTPとFPの値が変化していくので、その変化からROC曲線を描画するのです。

　このROC曲線の下の面積を**AUC**（Area Under the Curve）といい、学習された判別モデルの性能を評価する指標として用いられます。図4-25にROC曲線の例を示します。図において、対角線から最も距離が遠い点（図の点A）が、精度のバランスがよい点とすることが多いです。その点に該当する閾値を調べて用いるのです。

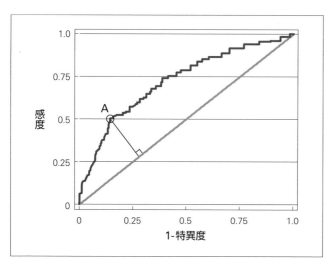

◆図4-25　ROC曲線の例

・Lift曲線による閾値設定

　Lift値とは、「ランダムに推定したときの適合率の何倍の適合率か」という値です。たとえば評価対象の正例の割合が2割なら、ランダムに推定したときの適合率は0.2となります。そこで、判別分析の結果のよさを評価するために、その値と適合率を比較するのです。

　横軸に、閾値を変化させて全体の何割を正例と評価するかの値、縦軸にそのときのLift値を描画したのがLift曲線です。図4-26の例を見ると、全体の上1割を正例と評価したときはランダム推定の3倍、2割のときはランダム推定の2倍の適合率であることがわかります。たとえば、判別分析の結果、上位から順にダイレクトメールを送るような施策を決定する際には、どの範囲までに効果がありそうかがわかり、適切な業務フローを設定することができます。

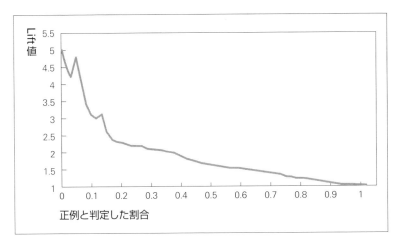

◆図4-26　Lift曲線の例

▶ 精度を真の価値に変換した評価

　可能な限り、精度を真の価値に置き換えたほうが望ましいです。たとえば、商品を購入しそうな顧客を「判別」する場合は、前述した判別分析のときの精度を用いるのが通常です。一方で、購入しそうな顧客を判別したあとにダイレクトメールを郵送することを想定している場合は、次のような式で価値を算出してみるとよいでしょう（実際は、ダイレクトメールを送付した人の中で来店する人の割合を考慮する必要があるため売上増効果はより小さくなりますが、それでも参考値として用いることができます）。

人工知能が算出した上位A人にダイレクトメールを送付したときの価値の例

- 売上増効果＝A×適合率×想定客単価
- コスト＝A×1通当たりの郵送コスト

4.8 結果の評価（3）－解釈性の評価－

CASE STUDY 解釈性の評価

　エンジニアの秋田さんは、プロマネの森口さんに、モデルを解釈した結果を報告しています。

　秋田さん「モデルを確認したところ、曜日特性が最も影響が高いようですね。たとえば商品Aは火曜・金曜が大きめの係数でプラス影響です」

　森口さん「業務上の知見と同じか、十貨堂さんに確認してみますね。他にありましたか？」

　秋田さん「気象との関係ですね。雨が降ったほうが売れる商品もあるようです」

　森口さん「それは興味深いですね。レポートに入れておきましょう」

モデルの挙動の解釈の方法

　機械学習のアルゴリズムによっては難しいこともありますが、できれば機械が学習して作ったルールや予測モデルがどのようになっているのかを「解釈」して評価するようにします。人が実務で身に付けた知見と、学習結果のモデルを照らし合わせることで、人にとって直感的かどうか、また、あまりに常識はずれのモデルになっていないかを確認します。

人にとってあまりにも理解しがたいモデルを作成した場合、実際に運用した際に異常な挙動である原因も解析できず、人工知能のことを信用できないといった問題が起こることになります。人工知能は、人が思い付かなかったような知見も発見することが期待されますが、人がわからないことと運用のしやすさはトレードオフの関係のようなものがあるので注意が必要です。

モデルの挙動の解釈の方法には、次の2つがあります。

①線形回帰分析やロジスティック回帰分析、決定木など人が読み解ける数式やルールが出力されるものの場合

この場合には、出力されたモデルを解釈します。たとえば線形回帰分析の場合は、「回帰係数」という「重み値」が出力されるので、目的変数に強い影響を与えている説明変数を知ることができます。

②SVMやディープラーニングなど、人がモデルを読み解くのが困難な場合

さまざまな値の説明変数に対する予測結果（推定結果）を見て、挙動を解釈します。たとえば、売上予測を行う際に、「気温」という値を5℃～40℃くらいまで変えて入力し出力を比較することで、気温を変化させたときの影響がわかります。他に、評価データ中で最も大きい値を出力したケースや最も誤差が大きいケースを見て、どのようなときに得意・不得意かを理解します。

2017年現在、ディープラーニングのモデルの振る舞いを可視化する研究などが行われており、今後画期的な解釈方法が生み出される可能性があります。しかし、今の時点では、ディープラーニングのモデルはブラックボックスであるため、さまざまな説明変数に対する出力を見比べてみて理解するのが現実的となります。

4.9 結果の評価（4）
－過学習度合いの評価－

CASE STUDY　過学習の確認

　プロマネの森口さんとエンジニアの秋田さんは過学習度合いについての確認をしています。
　森口さん「過学習していましたか？」
　秋田さん「1つの商品で明らかな過学習傾向がありました。この商品は発売日が最近で、データが短いことに原因がありそうです。システム化のときに注意が必要ですね」
　森口さん「なるほど。報告書に記載しておいてください」

過学習とは？

　過学習（overfitting）とは、機械が学習データに合わせすぎることです。人工知能（機械学習）において必ず発生するといってもよい問題です。
　過学習の具体例として、次のようなものが挙げられます。

【状況】
　人の性別を、身体的特徴から推定するモデルを作成するときに、学習データが10データのみで、そのうち3名がメガネをかけていて、かつ男性であったとき。

【結果】
「メガネをかけている人は必ず男性である」というモデルを作る。

これは極端な例ですが、このような状態のモデルをそのまま運用すると「メガネをかけている女性に対して間違ったオペレーションを行う」といった問題が起こります。
このように、過学習は学習データ上にある「たまたま」の現象を過度に評価してしまうことで起こります。

過学習が発生しやすいケース

過学習は、次のようなケースで発生しやすいです。

- **学習データ数が少ない**
  学習データ数が説明変数の数の10倍程度以下だと特に危険です。

- **説明変数の数が多すぎる**
  学習データ数に対して説明変数の数が多すぎると過学習が起こりやすくなります。

- **機械学習のアルゴリズムが複雑すぎる**
  ニューラルネットワークなど複雑なモデルを作成できるアルゴリズムを採用すると、過学習が起こりやすくなります。単純なアルゴリズムの中でも、たとえば決定木は「木の深さ」を大きく設定して学習すると、結果として複雑すぎる決定木を作ることになり、過学習することになります。図4-27も同様の例で、単純な回帰モデルを作成すればよいようなデータに対して、「説明変数の2乗、3乗」などの複雑な変数を入れることで過学習が起こってしまっています。

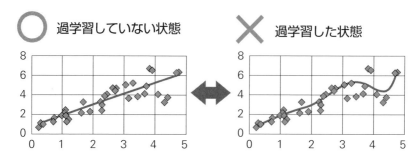

◆図4-27　過学習している状態の例

過学習の確認方法

過学習の確認方法には、次のものがあります。

方法1 学習データの精度と、評価データの精度を比較して、差が大きいかを確認する

学習データは、人工知能が正解を知っている状態でルールを作るので、過学習が起こっているときには学習データの精度が非常に高くなる現象が起こります。

方法2 学習結果のモデルを解釈して異常かどうかを確認する

たとえば、線形回帰分析でモデルを作成したときに、特定の説明変数の重みが異常に大きいといったことなどが起こっていないかを確認します。

過学習が起こっているときの対策

過学習が起きているときには、次のような対策をします。

対策1 アルゴリズムの変更・パラメータの変更

学習アルゴリズムを過学習しづらいものに変えます。最近のアルゴリズムは、過学習を防止する処理がアルゴリズムに入っていることも多いです。ディープラーニングの中の**Dropout処理（枝刈り処理）**は、ネットワークの一部の枝をあえてなくしてしまうことで過学習を防止しています。

また、線形回帰分析やロジスティック回帰分析などのアルゴリズムで有効なのが「**正則化**」という処理です。正則化は、回帰式の算出において、「係数が大きすぎないことが望ましい」という条件や、「多くの変数の係数が0であることが望ましい」という条件を与え、回帰係数の決定をするアルゴリズムです（正則化にはL0・L1・L2正則化という種類があり、係数を0にするパターンや、係数の大きさを制限するものなどに分かれます）。同じアルゴリズムでも正則化処理を追加することで過学習を防止できることが多いため、便利です。

対策2 変数の削減

過学習は変数が多すぎるときに起こりやすいので、変数を減らします。変数は、人が意図的に減らす方法（重要ではないと思われるものを削除する）が通常ですが、機械で自動的に減らすこともできます。機械が変数を減らす方法の代表的な例が、主成分分析です。変数のすべてまたは一部を主成分分析することで、多数の変数をまとめることができ、過学習が防止できます。たとえば、種類が多いアンケートの各質問の回答が説明変数になっているときなどに有効です。

対策3 学習データの追加

　過学習はデータが少ないときに起こりやすいので、データを増やします。ただし、通常はトライアル時に入手できるデータのすべてを用いるのが通常で、過学習していることがわかったとして、簡単に増やすことができないことが多いです。

　そこで、121ページで説明したデータオーグメンテーションを導入することによりデータを複製することがあります。ただし、画像データの場合は有効ですが、数値・ラベル・自然言語データの複製は容易ではなく、元のデータから傾向を変えてしまう面もあることに注意しながらデータの追加を行います。

　学習データの追加に近いものとして、「複数の予測対象を混ぜる」というものがあります。たとえば、売上げを学習するモデルを作った際に、1つ1つの商品単位では過学習が大きすぎることがわかった場合に、類似商品のデータを混ぜて学習データを作り、抽象的な予測モデル（例：「お茶予測モデル」と「コーラ予測モデル」と「スポーツドリンク予測モデル」から「飲料予測モデル」）を作ります（混ぜる際には、データを変更せず単純に合わせてデータ数が増えたデータセットを作る「データ数増加パターン」と、目的変数を合算値に変更してデータ数を増やさない「目的変数合算パターン」があります）。

4.10 結果の評価（5） －CASE STUDYでの評価例－

評価のまとめ

　プロマネの森口さんは、エンジニアの秋田さんから受け取った評価結果をまとめています。
　森口さん「精度が問題なさそうであることはわかりました。他に何をまとめておきましょう」
　秋田さん「過学習傾向が強い商品があることが一番気になるところなので、そこを報告したいです。あと、モデルを解釈した結果が直感的かどうかを評価いただきたいため、詳しく説明します」
　森口さん「わかりました」

精度の確認

　ここまで説明した評価方法を基に、CASE STUDYではどのようなレポートを書いたのかを解説します。
　図4-28は精度確認結果の例です。まず本ケースの代表的評価指標が平均誤差率であることから、その値を一覧してどれくらいの精度かをまとめました。結果として、一定の範囲の誤差率であることが確認されました。

分析結果　需要予測の目標達成状況

- 需要予測の結果を次に示します。
- どの店舗も、平均22～24%の精度で予測できることを確認しました。

予測精度（評価データの平均誤差率）

	店舗A	店舗B	店舗C	平均
商品A	18.3%	19.3%	20.3%	19.3%
商品B	23.8%	22.8%	23.8%	23.5%
商品C	25.4%	26.4%	22.3%	24.7%
商品D	29.9%	28.9%	25.0%	27.9%
商品E	24.7%	25.7%	22.4%	24.3%
⋮	⋮	⋮	⋮	⋮
平均	24.4%	24.6%	22.8%	—

◆ 図4-28　精度確認結果の例（平均誤差率）

最大誤差率の確認

　次に、最大誤差率を商品別に調べます（図4-29）。これは、商品の発注に用いるという真の目的からは、最大誤差率が重要な指標だからです。
　確認の結果、特定の商品は評価期間での最大誤差が大きいことがわかりました。これがどの程度大きな問題なのかは、その商品の重要度によりますが、商品によって誤差が悪いことがわかることは、その後のシステム化を行う際の設計要件として重要な知見です。たとえば、誤差が大きい可能性があるものを事前に判断しておいて、アラートを表示する機能を開発するといったことにつながります。

> **分析結果　需要予測の目標達成状況（補足）**
>
> - 次の表は、評価期間における最大誤差率を示しています。
> - 商品Bの最大誤差率が他の商品より高くなっています。これは、3月に競合商品が発売されたことで需要が急減したためと考えられます。
>
> 最大誤差率
>
> | | 店舗A | 店舗B | 店舗C | 平均 |
> |------|-------|-------|-------|--------|
> | 商品A | 28.2% | 26.1% | 29.8% | 28.03% |
> | 商品B | 49.2% | 47.8% | 50.4% | 49.13% |
> | 商品C | 31.4% | 29.9% | 32.4% | 31.23% |
> | 商品D | 35.2% | 38.2% | 32.5% | 35.30% |
> | 商品E | 31.4% | 32.5% | 30.5% | 31.47% |
> | ⋮ | ⋮ | ⋮ | ⋮ | ⋮ |

◆ 図4-29　精度確認結果の例（最大誤差率）

過学習度合いを確認する

次に、過学習度合いの確認結果を整理します（図4-30）。整理の結果、商品BとCが学習データでの精度と評価データでの精度の差が大きいことが確認されました。その原因を考察することで、追加で必要なデータの種類や学習に必要なデータ量に関する知見を得ることができます。今回の例では、競合商品の発売日情報を追加で手に入れる必要性や、新商品のようにデータ期間が短すぎる場合は別の手段を用意する必要性を確認することができました。これらの知見は、追加のデータ分析を行う際の内容検討や、システム化の際の要件検討時に利用することになります。

分析結果　需要予測の目標達成状況（補足）

- 次の表に学習精度と評価精度を示します。
- 商品Bにおいて学習と評価の誤差率の差が大きいのは、評価期間中に競合商品が発売されたことにより、商品Bの売上げが通常よりも急減したためと考えられます。
- 商品Cは最近発売した商品であり、学習データの期間が短いため、季節特性やイベント特性をつかむことができず、学習と評価の誤差率の差が大きくなっていると考えられます。

誤差率一覧

	店舗A		店舗B		店舗C	
	学習	評価	学習	評価	学習	評価
	学習 － 評価		学習 － 評価		学習 － 評価	
商品A	16.8%	18.3%	17.3%	19.3%	19.5%	20.3%
	－1.5%		－2.0%		－0.8%	
商品B	15.4%	23.8%	16.8%	22.8%	15.5%	23.8%
	－8.4%		－6.0%		－8.3%	
商品C	17.2%	25.4%	18.1%	26.4%	16.6%	23.3%
	－8.2%		－8.3%		－6.7%	
商品D	28.8%	29.9%	27.1%	28.9%	23.7%	25.0%
	－1.1%		－1.8%		－1.3%	
商品E	23.1%	24.7%	24.8%	25.7%	20.8%	22.4%
	－1.6%		－0.9%		－1.6%	
⋮	⋮	⋮	⋮	⋮	⋮	⋮

◆図4-30　過学習度合いの確認結果の例

発注の高度化の達成可能性を試算する

続いて、プロジェクトの真の目的である発注の高度化の達成可能性を試算します（図4-31）。需要予測結果を基に、仮に発注したとしたらどれくらいの廃棄量になるのかなどを試算して、改善効果を確認します。このように真の価値を計算できないこともありますが、試算の式に仮定を置いた上で、極力計算するとよいでしょう。

モデルの確認

モデルの確認を行います（解釈性の評価）。今回の場合は、重回帰分析を用いていることから、回帰係数の重みを確認することで、どのような傾向を機械が学習したかを把握することができます。その結果を整理して、人にとって知見が妥当かどうかを判断するのです。

分析結果　発注精度の目標達成状況

- 欠品時間／廃棄率を現行と人工知能による発注で比較した結果を次に示します。
- すべての対象において、欠品時間／廃棄率が改善することを確認しました。

欠品時間

	店舗A		店舗B		店舗C	
	現行	人工知能	現行	人工知能	現行	人工知能
商品A	15H	14H	20H	18H	13H	10H
商品B	47H	19H	34H	12H	36H	11H
商品C	9H	9H	12H	10H	14H	10H
商品D	23H	17H	19H	18H	20H	12H
商品E	17H	11H	22H	22H	25H	13H

廃棄率

	店舗A		店舗B		店舗C	
	現行	人工知能	現行	人工知能	現行	人工知能
商品A	9%	7%	13%	12%	11%	9%
商品B	19%	17%	20%	16%	21%	18%
商品C	7%	7%	8%	5%	16%	3%
商品D	18%	14%	11%	9%	17%	5%
商品E	14%	11%	16%	11%	19%	11%

◆ 図4-31　業務における価値の確認結果の例
　　　　　（需要予測結果が発注業務を改善するか）

分析結果　得られた知見

今回予測対象とした商品Aについて、曜日、天気との関係性を発見しました。

1. 需要は、他の平日と比べて木曜日と金曜日に上がり、月曜日に下がる傾向がある

2. 需要は、予測対象日当日の天気よりも、前日の天気と関係性がある

3. 土曜日は、晴れている時間が1日中継続している場合よりも、少量の雨が降ったほうが売上げが上がる傾向がある

4. 土曜日は、天気により傾向が変わる
   日曜日は、天気により傾向があまり変わらない

◆ 図4-32　モデルの確認結果の例

総合的な評価

最後に総合的な評価を行います。今回は、機械学習の導入によって改善が図られることが確認されたので、総合的によいという評価をしています。このように、精度の確認・過学習の確認・モデルの確認などをセットにして評価するのが標準的な方法です。

総括

- 人工知能により十分な精度で需要予測が可能であることを確認しました。
- 高精度な予測に基づく発注数算出で、欠品時間・廃棄率の削減が可能であることを確認しました。
- データ分析により、商品Aの需要数に曜日、天気との関係性を発見しました。

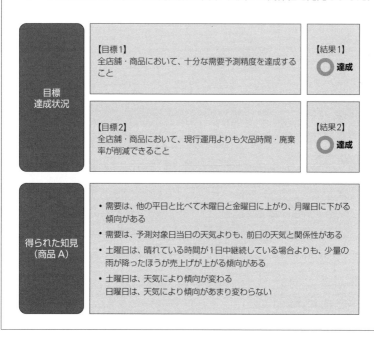

◆ 図4-33　総合的な評価結果の例

人工知能システムのプロジェクトにおける作業ミス

　データを加工し、人工知能（機械学習）に入れ、結果を出し、評価をする、という一連の作業は、ミス（誤った作業を実施すること）が起こりやすいです。特にトライアルフェーズは、はじめて見るデータに対してさまざまな加工方法を試行錯誤するため、他のフェーズよりもミスが起こりやすくなります。

　一般に、システム開発においては、作業者以外の他人（レビュアー）がレビューを行い、ミスを発見するものです。人工知能システムの開発においても同様のレビューを行いながら進めるのがよいですが、レビューでは気付かないことが多いです。その理由は、次の2点です。

- 人工知能（機械学習）は、データを投入すると、ほとんどの場合、エラーにならず結果を出力してしまう。そのため、不適切な加工を行っていたとしても、気付かない
- データの件数や種類が多くなると、生データ（最初に取得したデータ）や、加工後のデータを目視確認する手間がかかる。そこで、データを見ないまま作業を行ってしまうことがあり、不適切な加工に気付かない

　人工知能システム開発のプロマネ・作業者は、常に、ミスをしているのではないかと疑いながら、作業結果の確認を行うとよいでしょう。具体的には、次のような方法・心がけによって、ミスを防いだり、ミスがあってもプロジェクトへの影響が少なくなるようにします。

ミスに気付きやすくする方法・心がけ

方法1 実行結果をレビューする。人工知能（機械学習）にデータを投入する前から、結果を想定しておき、その想定結果と実行結果が大幅に異なるかを確認する

　実行結果が、作業者の想定や業務部門の知見と大幅に異なるときには、多くの場合で何らかのミスをしています（他に、元データが人の想定と大幅に違う場合があります）。そこで、事前に、予測結果やモデルがどのようになるか想定しておき、実行結果と比較します。事前の想定と大幅に異なる予測結果やモデルが出力される場合は、データ加工ミスを疑います。

方法2 データが大きすぎて目視確認しづらい場合も、少量のデータだけで処理を行った結果を出力して、その範囲だけは目視確認するようにする

　たとえば説明変数が1,000種類あり、学習データ数が10万データある場合は、全データの目視確認は困難です。その場合、100データ程度のみを抽出し、実行した結果を作成します。そのような少量データでの実行結果であれば、全結果を確認することができ、ミスの可能性を調べることができます。

方法3 複数人が別々の手順でデータ加工を行い、同じ結果になるかを確認する

　別の手順やソースコードで同一の処理を実装し、結果が同じになるかを確認します。大規模なシステムの開発で、ミスの可能性を防ぐために手間をかけられる場合は、この方法を行うことを検討します。

ミスがあってもプロジェクトへの影響が少なくなる方法・心がけ

方法4 複数のデータ加工処理は一気に行わないようにして、中間的な結果を出力する

　人の想定と異なる結果であったときに、各処理の結果を確認できるようにし、どこでミスしたかを気付きやすいようにします。

方法5 大量のモデルを作成する必要があるときの場合は、まず1モデル作り、ミスがないことを確認してから他のモデルを作る

　大量のモデルを作成する必要がある場合、すぐに全部のモデルの作成を行わず、1モデルだけ作り確認します。これにより、ミスがあったとしても、やり直しになる作業の量を減らすことができます。

　以上のような方法・心がけで、ミスが少ないプロジェクトを目指していくとよいでしょう。

Chapter 5

人工知能システムの開発

本章では、開発フェーズにおける手順やノウハウについて解説します。
ただし、開発フェーズに関しては、
ほとんどの作業が通常のシステム開発と同様の手順になります。
それらに関する具体的な作業内容は、
システム開発に関する一般的な文献（参考文献参照）をご覧ください。
本章では、特に人工知能システムにおいて気を付けるところに絞って解説します。

Artificial Intelligence System

アクセスキー　**6**
（数字のろく）

5.1 開発フェーズのプロセス

CASE STUDY　開発フェーズのプロセス

　プロマネの森口さんは、開発フェーズのスケジュールを、十貨堂の山口さんに説明しています。
　山口さん「要件定義の期間が少し長いようにも思いますが、これはどうしてですか？」
　森口さん「要件定義において、データを人工知能に入れた分析を併せて実施させていただこうと考えているからです。そうすることで、データに合った人工知能の機能を決めることができます」
　山口さん「それ以外に、通常のシステム開発と違うところはありますか？」
　森口さん「テスト工程において、リリース時に運用するモデルを作ります。人工知能に最新のデータを入れてモデルを作り、どんな状態かを検査します」

開発フェーズの4つの工程

　図5-1に開発フェーズのプロセスの例を示します。開発フェーズのプロセスは、通常のシステムの開発と同様に、**要件定義**、**設計**、**製造**、**テスト**という4つの工程で構成されます。

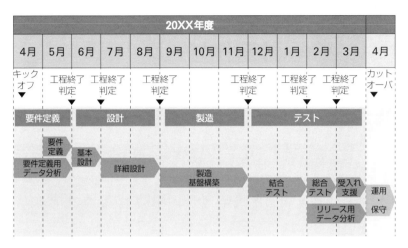

◆図5-1　開発フェーズのプロセスの例

　人工知能システムの場合は、要件定義工程を少し長めにとり、その間に人工知能にデータを入れた分析を行います。

　また、テスト工程にリリースのための分析を行うことから、少し長くテスト工程の期間を確保する必要があります。

　開発全体の期間は半年から1年程度であることが多いですが、UIをそこまで要さないシステムの場合は半年以内にリリースを迎え、利用しながら徐々に改善していくこともあります。

5.2 要件定義工程（1） －計画作り－

CASE STUDY 要件定義工程の成果物

　プロマネの森口さんは、要件定義工程の成果物を次のように整理しました。

- 機能要件定義書
- 非機能要件定義書
- 画面イメージ
- 要件定義のためのデータ分析報告書

人工知能システムの要件定義

　人工知能システムの開発においては、システムが大型のものである場合、要件定義単独で契約を結び、要件定義作業が完了したときに設計工程以降の正式見積もりを行うことが多いです。その理由は、要件定義を行わないと決まらない仕様が多く、ハードウェアのサイズやソフトウェアの開発規模を正しく見積もりづらいからです。

成果物の検討

要件定義の**成果物**を決定します。要件定義工程においても、通常のシステム開発と同様に機能要件定義書や非機能要件定義書を作成します（機能要件定義・非機能要件定義の例は付録F参照）。付録に記載した例は、簡易的なものですが、さらに詳細に定義していき、発注者と合意していくことになります。

一方、要件定義において**データ分析を行う**ことが多く、これは人工知能システム特有の作業です。要件定義のためのデータ分析については、169ページで詳しく説明します。

CASE STUDY　要件定義の体制検討

プロマネの森口さんとエンジニアの秋田さんは、要件定義の体制について相談しています。

森口さん「要件定義チームと全体統括を私がやるので、データ分析チームのリーダは秋田さんにやってもらいたいと思います」

秋田さん「わかりました。早めに立ち上げられるように準備します」

要件定義の体制の検討

要件定義の体制を決定します。通常のシステム開発の要件定義の体制と異なり、人工知能の場合は**データを分析するためのチーム**を別途作ることが多いです。

要件定義の体制における各チームの構成と役割

　人工知能システムの要件定義においては、主に**要件定義チーム**と**データ分析チーム**に分けて作業を進めます。要件定義の体制における各チームの構成と、それぞれの役割について見ていきます。

▶要件定義チーム

　要件定義チームは、人工知能の仕様以外の部分に関する要件を定義します。通常のシステム開発と同様に、機能要件や非機能要件を作成します。特にハードウェアのサイジング（スペックの決定）においては、データ分析チームから、学習データのサイズ、学習に用いるメモリ、CPUと並列計算量に関するレポートを受け取り、スペック決定の参考にします。

　要件定義チームは、システム開発に詳しいエンジニアが1～2名程度で担当します。UIに関する要件などは業務での使われ方を知っていると整理しやすいため、システムが対象にする業務に精通しているメンバーであることが望ましいです（CASE STUDYにおいては、スーパーマーケットの発注や在庫管理業務に詳しい人が望ましいことになります）。

▶データ分析チーム

　データ分析チームは、人工知能の仕様に関する要件を定義します。定義するにあたり、まずデータをアルゴリズムに投入し、精度や速度を確認します。確認した結果を基に、学習データのサイズや学習頻度などの要件を作成します。

　データ分析チームは、人工知能（機械学習）のアルゴリズムや動作に詳しいエンジニアが1～3名で担当します。

　データサイズが大きい場合や学習するモデルの数が多い場合は、分散処理や並列処理を行う可能性が高いため、HadoopやSpark[※1]などを用いた分散処理に詳しいことが望ましいです。

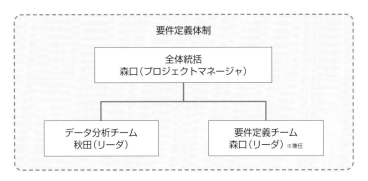

◆図5-2　体制図の例

CASE STUDY　要件定義のスケジュール検討

　プロマネの森口さんとエンジニアの秋田さんは、詳細スケジュールの検討を行っています。
　森口さん「スケジュールのブレイクダウンですが、機能要件と非機能要件の項目別に作業量を見積もってみます」
　秋田さん「データ分析チームは、2カ月程度の期間を見込んでいるので、先にスタートするのが望ましいです」

要件定義のスケジュール検討

　要件定義工程のスケジュールを決めます。図5-3にCASE STUDYでの要件定義のスケジュールの例を示します。一般に、要件定義工程は1カ月程度で行うことが多いですが、人工知能を使うシステムの場合、要件定義中に行うデータ分析が2カ月程度かかることが多く、トータル

の期間を長くしたり、またはデータ分析だけ先にスタートしたりすることがあります。CASE STUDYでは、図5-3のようにデータ分析を1カ月先にスタートすると共に、要件定義の作業を途中から並行して行うことにしました。

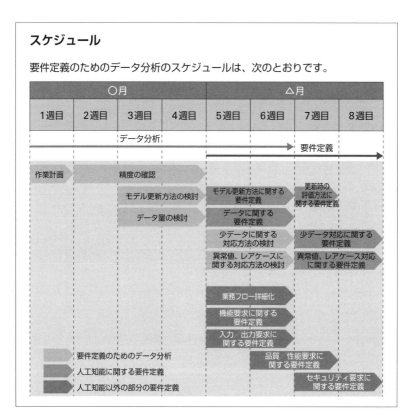

◆図5-3　要件定義のスケジュールの例

要件定義のためのデータ分析

エンジニアの秋田さんは、データ分析の方針をプロマネの森口さんと相談しています。

秋田さん「要件定義のためのデータ分析ですが、今回の問題の場合、精度の確認やモデル更新方法の検討以外にも、新商品予測方法や異常値処理方法の検討も重要と考えられるので実施します」

森口さん「はい。商品数が多いのでしっかりやってください」

要件定義のためのデータ分析

要件定義のためには、次のデータ分析のうち、いずれかを組み合わせて実施します（システムの目的やデータの状況によって、分析する必要があるものを選びます）。

① 精度の確認
② データ量の決定
③ 更新方法の検討
④ 少データの場合の対応方法検討
⑤ 異常値およびレアケースの処理方法検討

次節からは、これら5つの分析について詳しく説明します。

5.3 要件定義工程（2）　−精度の確認−

CASE STUDY　精度の確認

データ分析チームの秋田さんは、要件定義チームの森口さんに、精度確認を行った結果を報告しています。

秋田さん「全対象のモデル作成をして21万個の予測モデルの精度確認を行ったところ、90％以上で目標精度の誤差20％を達成していました」

森口さん「そうですか。精度が悪いものに傾向はありましたか？」

秋田さん「売上数が少ない場合ですね。特に月300個未満の売上数の商品は精度が悪い確率が格段に上がるようです」

森口さん「なるほど。では事前に精度が悪いことがわかっているものはアラート表示をする形を十貨堂に提案します」

精度の良し悪しを見極める

トライアル時点で代表的な対象のデータについては**精度の確認**をしていますが、要件定義工程では全データの分析を必ず行います。全データを人工知能に入れての分析は、要件定義工程でやらずにテスト工程で行うという考え方もありますが、テスト工程で動作確認をした際に想定よりも大幅に悪い精度が出ると、急な仕様変更や工程のあと戻りが起こりやすいため、避けたほうがよいでしょう。

CASE STUDYのように、多くの予測対象がある場合は、全データでの分析をすると、精度がよいものと悪いものが出てきます。そのため、まずはどの程度の割合がよい精度であるかを把握します。CASE STUDYにおける精度確認結果の例を図5-4に挙げます。このケースでは、90%以上が問題ない精度であることを確認して、多くのケースで業務が運用できることがわかっています。一方で、10%未満の割合ながら精度が悪いことも確認しています。このように精度のバラつきを把握して、バラつきに基づいたオペレーションを要件として整理する必要があります。

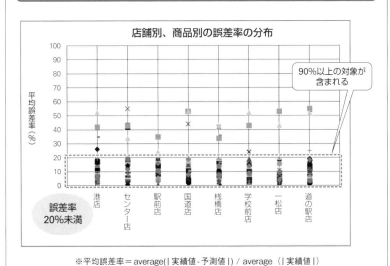

◆ 図5-4　CASE STUDYでの精度確認結果の例

精度が悪い対象に対する運用の設計方法

精度が悪い対象に対する運用の設計方法を検討します。CASE STUDYでは、図5-5のように平均売上数が一定以上の場合は精度がよいことや、図5-6のように平均来客数が一定以上の店舗では精度がよいことを確認しました。

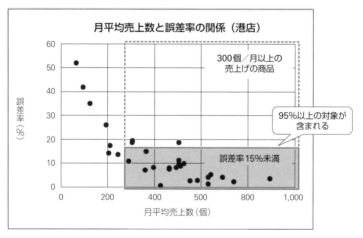

◆ 図5-5　精度が悪いケースの把握の例（1）

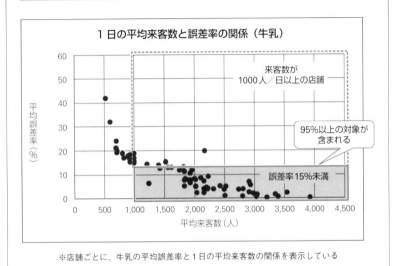

◆図5-6 精度が悪いケースの把握の例(2)

　このように、数値解析の場合は目的変数の大小によって精度に差があることがあります。目的変数の値に対するノイズ値の割合(S/N比といいます)が低くなることがその理由です。

　このように確認することで、事前に精度が悪い可能性がある対象を把握しておき、精度が悪いことが事前にわかっている予測対象に対しては自動で業務を実施しないなどの別のオペレーションを要件として記述しておくのがよいことになります。

　本ケースでは、これらの結果から、精度が悪い可能性がある対象について、アラートを表示する機能を要件に追加することとなりました。

判別の場合の精度確認

　判別の場合は、1つひとつの予測対象については、トライアルでの評価（136ページ参照）と同様に、適合率、再現率、F値や、ROC曲線などを基に評価することになります。

　一方で、システム化となった際に大量の予測対象があるときは、予測対象ごとのF値やLift値のバラつきを確認するのがよいです。

　たとえば、健康診断データから病気になる可能性を機械学習で推定するシステムの場合、仮に推定したい対象の病気が100種類あるならば、その100種類の精度のバラつきを評価するのが典型的な精度確認方法です（F値やLift率の値を一覧して、どの程度の割合が高いかを確認することになります）。

5.4 要件定義工程（3）－データ量の決定－

CASE STUDY　学習データ量の検討

　データ分析チームの秋田さんは、要件定義チームの森口さんと、学習データ量について相談しています。

　秋田さん「森口さん、モデル数が多くて学習のためのハードウェアリソースが不安なので、学習データ数は一定量に抑えますね」

　森口さん「はい。どれくらいの量ですか？」

　秋田さん「分析の結果、2年分よりも多いデータを入れても精度があまり変わらないことがわかりました。2年分のデータで学習することにしようと思います」

　森口さん「2年分以上のデータを用いる必要が生じる可能性も踏まえ、データは保存しておきます。2年分以上のデータを用いたときの学習時間もレポートしておいてください」

適切なデータ量を選ぶ

　人工知能（機械学習）は、一般に学習データが多くなればなるほど精度はよくなりますが、学習データ量が一定以上になると、精度が向上する度合いは少なくなっていきます。一方で、学習データ量が多すぎると学習にかかる計算量が膨大になり、メモリやCPUなどハードウェアリソースを大量に用意する必要があります。以前よりもハードウェアやク

ラウド環境は安価になってきていますが、それでも大量の予測対象の学習を行うにはかなりの費用がかかります。また、仮にハードウェアが十分にあったとしても、アルゴリズムによっては学習時間が1日以上かかり運用上困ることになります。

そこで、図5-7のように、データ量と、精度や学習に必要な時間やコンピュータリソースの関係を明らかにして、**適切なデータ量を選ぶ**のが実用上適しています。

CASE STUDYでは、図5-7の結果を基に過去2年分のデータを学習することがよいと決定して、要件に反映しました。

> **Tips**
>
> ### 学習データが多すぎることによる精度劣化
>
> 図5-7では、学習データが多すぎるときに精度が悪化することも報告されています。この現象が発生することはまれですが、データが時系列データであり、かつ、購買や人の動向などのデータの場合に発生することがある現象です。なぜなら、データの背後にある社会背景やブームなどが、時間が過去になればなるほど今の現象と異なるからです。そのことによって、今とは違う価値観のデータを反映してしまうため、結果的に「今」の状態の推定精度が悪くなるということです。
>
> 問題の特性を考え、古すぎるデータで学習することによる精度劣化の危険性がありそうなときには、図5-7のような分析を行うようにしましょう。

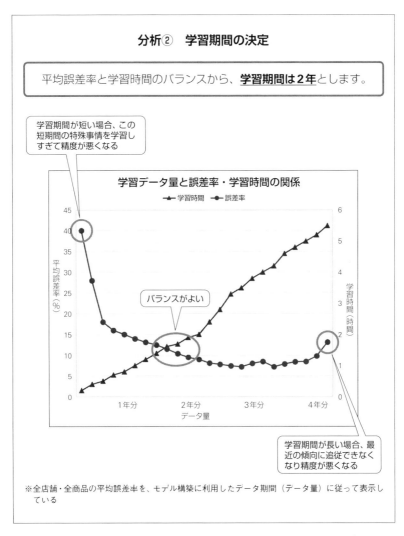

◆図5-7　データ量と、精度や学習時間（必要コンピュータリソース）の関係

5.5 要件定義工程（4）－更新方法の決定－

CASE STUDY　更新方法の検討

　データ分析チームの秋田さんは、要件定義チームの森口さんと、モデル更新の方法について相談しています。
　秋田さん「今回は、特にオンライン学習の必要性がないと思われるため、定期的なバッチ学習にします」
　森口さん「OKです。更新頻度はどうなりますか？」
　秋田さん「分析の結果、1カ月を超えた頃から精度劣化が始まるので、1カ月に1回の更新がよいと思います」
　森口さん「更新の際には、平均誤差以外に、業務に問題を起こすケースがどれくらいあるかも確認してモデルの評価を行ってください」
　秋田さん「はい。今のところ、最大誤差や上振れ・下振れも総合判断して更新チェックを行う予定です」

モデル更新の種類

　人工知能（機械学習）が作成したモデルの更新方法を決定します。モデルの更新は、トライアル時にそこまで検討していないことが多いので、この段階で正確に定義する必要があります。なお、モデル更新のことを「**再学習**」とも呼びます。

モデル更新は、大きく分けて次の種類があります。

- **バッチ学習**：学習データをすべて用い、一気にモデルを更新する方法
- **オンライン学習**：データが1件来るごとに、モデルを逐次更新する方法
- **ストリーム学習**：オンライン学習の中でも、学習したデータを保存せず消去するもの（これを狭義のオンライン学習とすることもあります）
- **ミニバッチ学習**：学習データの中の一部を取り出してモデル更新を行い、それを繰り返す方法

上記のように、更新のデータ量をどのように取り扱うかによってモデル更新の方法には違いがあります。

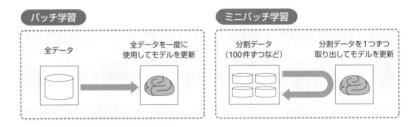

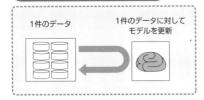

◆図5-8　再学習の種類

バッチ学習、オンライン学習（ストリーム学習）それぞれの特徴について説明します（ミニバッチ学習は、バッチ学習とオンライン学習の中間的な特徴となります）。

バッチ学習の特徴

バッチ学習は、多くのデータを基に一気に学習処理をするので、**メモリを多く必要とする**など、大規模なハードウェアが必要になります。一方で、オンライン学習よりも古くから用いられているため、**蓄積されたノウハウや実績のあるライブラリが多い**というメリットがあります。また、オンライン学習よりも若干**精度が高くなりやすい利点**もあります。

オンライン学習の特徴

オンライン学習は**1データずつ学習処理を行うため、単一の学習に必要なメモリが少なくて済みます**。一方で、オンライン学習は、バッチ学習の際に作成される、精度が高いモデルと大きく異なるものになることがあり、**精度が落ちる**ことがあります。

バッチ学習とオンライン学習のどちらを用いるか

更新の仕組みの決定は、システム設計において重要な検討事項です。「**特段の理由があるときに、オンライン学習またはストリーム学習を選び、それ以外はバッチ学習を選ぶ**」というのが実務上無難な判断といえます。その理由は、次のとおりです。

- ストリーム学習は、過去のデータを捨ててしまうことから、作成されたモデルで業務を行って何か問題があったときに、前のモデルに戻すことや原因を調査することなどが不可能であり、運用中に困ることになるから
- オンライン学習は、精度が悪くなることがある上、運用しているモデルが日々異なるので、人工知能の判断に問題があるとわかったときに、それがどの時点のモデル更新によって問題が起きるようになった

かのトレースがしづらいから
- オンライン学習は、日々モデルが変わることになるため、業務で活用すると「人工知能が出した昨日の結果と今日の結果が異なる」ことなどについて違和感を覚えたり、業務判断に迷いが生じたりと、人にとって必要以上に頻繁に変わりすぎることがあるから

　バッチ学習の「モデルをまれに作る」「モデルを作るデータを保存する」という特徴は、人の運用上の慣れや問題が起きたときのチェックなど、業務システムへの組込みにおいて相性がよいことが多いということです。
　一方、「オンライン学習を用いる特段の理由があるとき」とは、次のような場合です。

①学習をサーバでは行わないなど（組込み環境など）、省メモリ必須であるとき
　　例：自動車が運転手の癖を学習するケースなど、機械を使う人のパターンを「リモート通信なしで」学習する必要があるケース（自動車など機械の中のCPUやメモリは限りがあるから）
②データが個人情報であるなど、学習した直後に消去するのが適しているとき
　　例：メールのスパム判定やメールフォルダの振り分けルールなど、扱う情報の秘密レベルが高いケース
③直近のトレンドを迅速に取り入れる必要があるなど、頻繁なモデル更新が適しているとき
　　例：突発的流行の検知など、「その日」のデータに高い価値があるケース

　CASE STUDYでは、上記のどれにも該当しないため、バッチ学習を選択しています。

ディープラーニングとミニバッチ学習

　ディープラーニングは、ミニバッチ学習で学習することが多いです。ディープラーニングはアルゴリズム上、何回も学習をやり直して精度を安定させたり、過学習を防いだりします。そのやり直しの際に、一部のデータを用いてミニバッチ学習方式で行うと、現実的な時間でモデルが安定的になる（＝過学習しなくなる）効果があることからミニバッチ学習方式で行っているのです。

モデル更新の頻度

　バッチ学習を選択したときには、どの程度の頻度でモデルを更新するのかを決定する必要があります。モデル更新頻度があまりにも少ないと、直近のデータを使っていないモデルを長期間運用することになるので、予測精度が悪化するなどの問題が起こります。一方で、頻繁にモデル更新を行うと、学習のためのハードウェアが大量に必要になります。また、精度の向上効果は微量なのにもかかわらずモデルが頻繁に変わることで、運用している人間が更新時に問題がないかのチェックを行うための手間がかかることになります。
　したがって、理想のモデル更新頻度は、「**精度が悪化しすぎない範囲で、まれであるのがよい**」ことになります。
　そこで、モデル更新頻度を決定するために要件定義時にデータ分析を行います。具体的には、モデルを更新しなかったときの精度劣化度合いを測定することで、どの程度更新しないと精度が悪くなりすぎるかを確認するのです。

CASE STUDYでは、30日以上モデル更新を行わないと徐々に精度が下がり始め、60日以上経過すると平均誤差が学習直後の1.2倍以上になることを確認しています。したがって、モデル更新を「1カ月に1回」とすることとしました（図5-9）。

◆ 図5-9　モデル更新頻度決定のための分析結果の例

モデル更新時の評価方法

　バッチ学習の場合は、定期的にモデルの更新処理を行うことが通常ですが、定期的にすべての対象を更新はせずに、一部の対象のみを更新することがあります。なぜならば、ハードウェア上の制約で更新する対象数に制限があるときは、精度が悪くなったものなどを優先して更新を行い、精度がよいものは更新しないことが妥当であるからです。また、モデルを更新したことで、かえって精度が悪くなったり、人にとって意図しない挙動になったりすることがまれにあり、その場合は更新しないほうが業務上適切であるからという理由もあります。

　CASE STUDYでは、特に後者の理由に配慮してモデルを更新したときに、更新前のモデルと更新後のモデルを比較して、更新可否を判断することにしました。

　図5-10のように、システムの目的（KPI）に合わせた複数の指標を設定して、そのどれかが大幅に悪化している場合は更新しないように定義しました。

　このように、最大誤差など、平均誤差以外の指標も確認対象にするのは、機械学習が「平均誤差が改善したにもかかわらず、ごく一部の対象だけ異常な予測値になってしまう」ことを発生させることがあるため（過学習が起こっているときの１つの現象です）、それが起こっていないことを確認するためです。

分析⑥ モデル更新条件の指標値の決定

モデルを更新する際に**平均誤差、最大誤差、平均上振れ、平均下振れの指標値を前のモデルと比較の上、更新可否を判断**します。

採否	指標値	プロジェクトKPI		システムの安定性	備考
		廃棄の発生	欠品の発生	異常予測の発生	
○	平均誤差 ＝average(|実績値-予測値|)	○	○	△	平均誤差が大きくなるほど、廃棄・欠品も大きくなる
×	平均誤差率 ＝average(|実績値-予測値|) /average（|実績値|）	△	△	△	需要予測においては、誤差率よりも、いくつ外れたかを示す誤差値のほうが解釈しやすいため、平均誤差値を採用する
○	最大誤差 ＝max(|実績値-予測値|)	×	×	○	大幅に予測を外すケースを確認することで、異常予測の起こりやすさを推定することができる
○	平均上振れ ＝実績値よりも大きく予測した日の平均誤差	○	×	△	実績より上振れする場合、廃棄が増加し、欠品が減る
○	平均下振れ ＝実績値よりも小さく予測した日の平均誤差	×	○	△	実績より下振れする場合、廃棄は減少し、欠品が増加する

◆図5-10 モデル更新条件の設定の例

5.6 要件定義工程（5）　—学習データが少ないときの対応方法—

CASE STUDY　少データの対応方法

データ分析チームの秋田さんは、要件定義チームの森口さんと、データが少ないものについて相談しています。

秋田さん「新商品などでデータが少なすぎるものもあって、学習に不適であることが確認されています」

森口さん「なるほど。どれくらいデータが少ないと不安定ですか？」

秋田さん「最低でも3週間、できれば1カ月はほしい感じです」

森口さん「わかりました。少ない場合はどうしますか？」

秋田さん「幸い、商品のカテゴリデータがしっかりしていますので、カテゴリ単位でモデルを作ってそれを割り当てます」

代替モデルを用いる

トライアルの際は、主要な対象の精度しか確認していない場合、システム化の要件定義の際には全対象の精度を確認したほうがよいのは5.3でも述べたとおりです。

そして、全対象の精度を確認した際に、典型的に精度が悪くなるパターンの1つに「学習データが少ない」というものがあります。そこで、システム化の際には、「学習データが少ないときにはどう対応するか」を

検討する必要があります。

　データが少ない状態のままでも精度よく学習する方法も研究されていますが（転移学習など）、適用できる条件に限りがあります。機械学習アルゴリズムはデータが少ないと過学習してしまうため、精度が安定しません。そこで、「**データが多いもので代わりになる予測モデルを作り、データが増えるまではそれで代替する**」という対処を行います（以下、このモデルを**代替モデル**と呼びます）。

代替モデルの具体例

代替モデルの具体的な例として、次のようなものがあります。

- 商品の需要予測において、新商品発売直後の予測
  ⇒同じカテゴリの別の商品の予測モデルで代替する
- 商品の需要予測において、新店舗開店直後の予測
  ⇒店舗の商圏（立地や周辺の環境）が似ている別の店舗の予測モデルで代替する

　CASE STUDYでは、新商品発売直後の精度劣化が問題になるとわかっていたため、新商品発売直後の予測方式を検討しました。そこで、新商品が含まれるカテゴリの他の商品で学習したモデルを代替モデルとすることにしました。

　この場合、データが蓄積されたときに、代替モデルから既存の商品別のモデルに切り替えるタイミングを決定する必要があります。そこで図5-11のように、代替モデルの精度と商品別の予測モデルの精度を、学習に用いたデータ数を変えて実験し比較します。CASE STUDYでは、3週間分程度のデータが溜まったあとは、商品別のデータで学習したモデルのほうが精度がよくなることが確認されました。そこで3週間以上データが蓄積されたあとに商品別の予測モデルに切り替えることにしました。

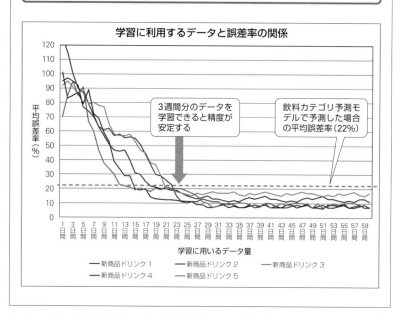

◆図5-11　代替モデルからの切替えタイミングの検討の例

5.7 要件定義工程（6）－異常値処理方法の決定－

異常値処理方法の検討

　データ分析チームの秋田さんは、要件定義チームの森口さんと、異常値処理方法について相談しています。
　森口さん「異常データなど学習が難しそうなデータはありましたか？」
　秋田さん「はい。キャンペーン種別の偏りが激しくて、『セット値引き』はデータが少なすぎて不安定になりそうです。他と統合する方向で検討します」
　森口さん「それは大切ですね。あと、予測データにおける学習データとの乖離も必ずチェックするようにしてください」
　秋田さん「そうですね。基本的に学習データの値域を超えた場合はアラートを出すことにします」

異常値や頻度の少ない値への対処

　人工知能（機械学習）は、異常値やめったにない値がある場合には、変な結果になるという特性があります。そこで、**データの中にどのような値があるのかをしっかり分析し、学習データ中の異常値や頻度の少ない値などにどのように対処するかを要件として定義する**必要があります。
　CASE STUDYでは、次のように確認し、要件定義を行いました。

▶学習データの値チェック

　学習データ内の「キャンペーンデータ」に、「セット値引き」という頻度が非常に低い値が含まれることがわかりました。それによって一部商品で過学習が起き、セット値引きのときには売上げが多くなるなどの、異常な予測結果を出していました。そこで、「セット値引き」を「値引き」という別のデータに統合することで精度の安定化を図ることにしました（図5-12）。

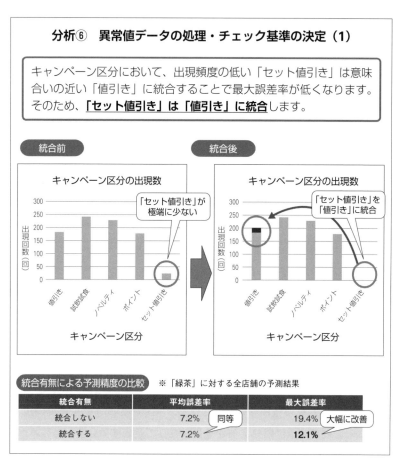

◆図5-12　学習時のデータ内のレアケースに対する対処方法の例

▶予測データの値チェック

予測データ内にある異常値の確認や処理方法を説明します。

たとえば、「人の身長」という説明変数に対して「1,000cm」という異常な値が入った状態で予測が行われてしまっても、何かしらの結果が出てしまいます。人は、予測結果を見て業務を行いますが、その予測結果を出す基の説明変数が異常であったかを確認しないことが多いです。そのことから、異常な予測結果であることに人が気付かずに業務を行ってしまうという問題が起こります。この問題を防ぐために、学習時と著しい違いがある説明変数であるときには、**結果を出さない**、**使い手に警告する**などの処理を行うように設計します。

CASE STUDYでは、図5-13のように、予測時に各変数に「標準の範囲」を規定しておき、そうでない値のときにアラート表示することとしました。

分析⑥　異常値データの処理・チェック基準の決定（2）

説明変数が異常値の場合、予測が大幅に外れる可能性があります。**予測前に説明変数の範囲のチェックを行い、基準外の場合はアラート表示**します。

異常値チェック基準

大項目	小項目	最大値	最小値	平均値	アラート基準
値引き額	牛乳	50	0	25	51以上
	緑茶	20	0	15	21以上
	⋮	⋮	⋮	⋮	⋮
気象	平均気温	40	−10	20	40以上 −10未満
	平均湿度	7,530	1,214	2,214	5,000以上 1,000未満
	⋮	⋮	⋮	⋮	⋮

◆図5-13　予測時に異常値チェックを行う方法の例

要件定義のための分析のまとめ

CASE STUDYでは、5.3から5.7で説明してきた分析の結果を受けて、図5-14のように要件を整理しました。

人工知能発注システムの要件のまとめ

データ分析の結果より、人工知能発注システムの要件を次のとおり定義します。

確認内容/検討内容	確認結果/要件
全店舗・全商品の予測精度の確認	・70店舗3,000商品のうち、**90%以上が平均誤差率20%未満**であることを確認 ・月に平均300個以上の売上げがあり、1年以上データがある商品について、**95%以上が15%未満の誤差率**であることを確認 ・1日の平均来客数が1,000人以上の規模の大きい店舗について、**95%以上が15%未満の誤差率**であることを確認
学習期間の決定	平均誤差率と学習時間のバランスから、**学習期間は2年**とする
モデル更新頻度の決定	モデル構築から30日を経過した頃から平均誤差率が悪化し始めることから、**モデルの更新頻度は1カ月単位**とする
モデル更新条件の指標値の決定	モデルを更新する際に**平均誤差、最大誤差、平均上振れ、平均下振れの指標値を前のモデルと比較の上、更新可否を判断**する
新商品の予測方法の決定	新商品の予測精度が安定するのには3週間分のデータの蓄積が必要。そのため、**発売開始～3週間はカテゴリ予測モデルで代替し、発売3週間後から新商品予測モデルを適用**する
異常値データの処理・チェック基準の決定	・キャンペーン区分において、出現頻度の低い「セット値引き」は意味合いの近い「値引き」に統合することで最大誤差率が低くなるため、「値引き」に項目を統合する ・説明変数が異常値の場合、予測が大幅に外れる可能性があるため、**予測前に説明変数の範囲のチェックを行い、基準外の場合はアラート表示**する

◆図5-14 分析に基づくシステム要件整理結果の例

5.8 設計工程

CASE STUDY　設計

　エンジニアの秋田さんは、UIや動作フローの設計方針についてプロマネの森口さんと相談しています。
　秋田さん「このシステムの場合、ユーザに提示するUIに信頼性情報などを表示するので、結果表示画面の設計を丁寧に行います」
　森口さん「そうですね。あと、ユーザから意見を収集する機能を作ることにしたので、それと連動してメンテナンス機能を設計するのを忘れないでください」

設計書の作成

　要件定義が終わると設計を開始します。設計工程では、通常のシステム開発と同様に、要件を基に**設計書を作成**します。たとえばUMLなどの記法に則り、動作やソフトウェアの構成を記述します。
　ここでは、特に人工知能システムに特有の機能がある、学習機能、予測機能、結果表示機能、メンテナンス機能の4つで、設計時に留意する点について説明します。

学習処理の設計

図5-15は、学習処理のシーケンス図の例です。学習処理では、学習用のデータを作成したあとに学習エンジン（機械学習を行うライブラリやAPIのこと）にデータを送付し、学習結果（**学習済みモデル**と呼びます）を保存する処理を行います。保存する際は、前のモデルと新しいモデルを比較して、どちらを採用するか決定します。

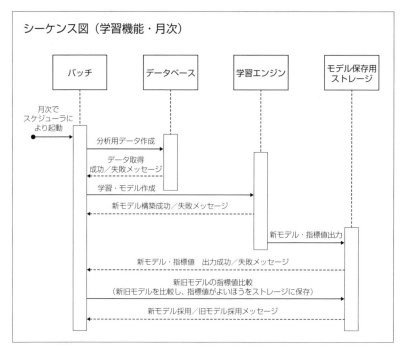

◆**図5-15　学習処理のシーケンス図の例**

図5-15の処理は単純な処理となっていますが、学習処理およびその周辺では次のような処理を設計する必要があります。

- 異常値をチェックする処理
- 異常値があったときに値を補完したり、異常値を含むデータを学習データから削除したりする処理
- 更新されたモデルを前のモデルと比較する処理
- 過去のモデルを保存する処理
- 学習結果を表示する処理

上記に関しては、トライアル時に行った処理や要件定義工程で決定した方法を実行できるように設計書に記述します。

予測処理の設計

図5-16は、予測処理のシーケンス図の例です。予測処理では、予測用のデータを作成し、保存してある学習済みモデルと併せて予測処理を実行し、結果を保存します。図5-16における「予測結果計算部」は図5-15の「学習エンジン」と同一のライブラリ・APIを使うことも多いですが、APIとの通信時間がネックであるなどの理由があるときには、別に作成することもあります。

このケースでは、日次でのバッチ処理で予測処理を行い、予測結果を保存するように設計していますが、ユーザからの要求をトリガにして（リアルタイムに）予測部が実行されることもよくあります。

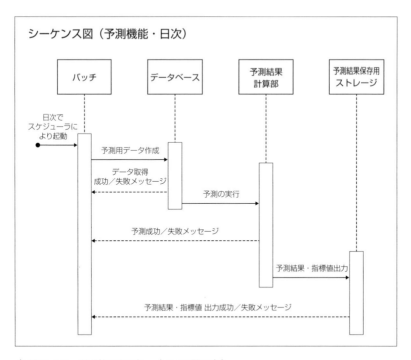

◆図5-16　予測処理のシーケンス図の例

　予測部およびその周辺では図5-16に記載した処理に加え、次のような処理を設計する必要があります。

- 異常値をチェックする処理
- 異常値があったときに値を補完したり、ユーザにアラートを表示したりする処理
- 予測結果を表示する処理（図5-17参照）

結果表示画面の設計

　図5-17は、予測結果を表示する画面を設計する際に用いる画面定義書の例です。ここでは、日別・商品別に予測結果を表示していますが、一部の日の説明変数に異常値が含まれていたため、アラート（ここでは「!」マーク）を表示しています。このように、機械学習の出力を表示する際には、その結果の**信頼性情報**を併せて表示するようにします。

　信頼性情報の表示には、次のようなパターンがあります。

- 学習処理時に行ったモデルごとの精度の評価結果を基に、精度を表示したり、精度が悪いモデルについてアラートを表示したりする
- 予測結果を算出する際に、予測値を算出するための説明変数の中に異常な値がないかをチェックし、説明変数の異常可能性がある場合にアラートを表示する（図5-17の「!」マークはこのケースに該当します）
- 予測結果を算出したあとに、予測値が想定される値の範囲を大幅に逸脱するかをチェックし、異常予測値の可能性がある場合にアラートを表示する

　信頼性情報の表示機能は、人工知能システムの開発において重要な機能の1つです。人工知能（機械学習）は、正解がわからないものを推定して表示するものなので、表示内容が正確かどうかは未来にならないとわかりません。しかし、「表示内容が正確ではない可能性が高い」ことは事前にわかります。そこで、上記のように、**「精度が悪いかもしれない」ことを表示する**ことで、ユーザが業務で行うときに人の判断をどれくらい入れるかの基準にすることができます。それによって、結果的にシステムとユーザの間の信頼関係が醸成されていくのです。

　図5-18は、予測結果の算出根拠を表示する機能の画面定義書の例です。CASE STUDYでは重回帰分析を採用しているため、予測値を算出するにあたって変数ごとにどれくらい予測値に影響したかの度合いを表

画面定義書

画面ID	画面名
HC_0001_01	発注画面

カテゴリ名		発注日
▼ 飲料	▼ ソフトドリンク	2018年4月3日

商品名		日付	4月1日	4月2日	4月3日	4月4日	4月5日	4月6日	4月7日	発注数
		曜日	月	火	水	木	金	土	日	
		備考	—	—	発注日	—	納入日	—	—	
		カテゴリ予測数	—	—	17	30	19	17	17	—
ミルクコーヒー 予測信頼度★★★☆☆		売上げ/予測数	1	15	11	13 ①	15	11	11	10
		納入数	8	14	16	8				
		在庫数	20	19	24	29				
アイスティー 予測信頼度★★★☆☆		売上げ/予測数	5	2	3	5 ①	2	3	3	0
		納入数	3	9	3	3				
		在庫数	6	9	9	12				
グリーンティー 予測信頼度★★★☆☆		売上げ/予測数	5	2	3	5 ①	2	3	3	2
		納入数	3	9	3	3				
		在庫数	6	9	9	11				

※太字は実績数または確定数

[戻る]　[登録]

No.	項目名	型	初期値	内容
1	大分類	リスト	空欄	分類マスタから大分類を表示する
2	中分類	リスト	空欄	分類マスタから、No.1で指定した大分類に紐づく中分類を表示する
3	発注日入力欄	日付入力エリア	システム日付	入力した発注日を表示、カレンダーボタンからの入力補助あり
4	カレンダーボタン	ボタン	—	ボタンを押下するとカレンダー入力補助画面を表示する
—	商品の数分繰返し表示			
5	商品名	リンク	—	商品名を表示 商品名のリンクを押下するとモデル画面（画面ID：HC_0001_02）を別画面表示する
6	予測信頼度	記号	—	モデル信頼度テーブルから当該モデルの信頼度を5段階で表示する
—	日付数分繰返し表示			
7	日付	テキスト	—	発注日の○日前から発注日の○日後までを表示する
8	曜日	テキスト	—	日付に該当する曜日を表示する
9	備考	テキスト	—	発注日には「発注日」、納入日には「納入日」の文字を表示する
10	カテゴリ予測値	数値	—	予測値テーブルから当該カテゴリの予測値を表示する
11	売上げ/予測数	数値	—	売上実績テーブルに実績が登録されている場合、売上数を強調表示して背景をグレーにする 売上実績テーブルに実績が登録されていない場合、予測値テーブルから当該商品の予測値を表示する
12	警告マーク	ボタン	—	・予測に使うデータに異常値がある場合に表示する ・ボタンを押下すると、異常値情報詳細画面（画面ID：HC_0001_03）を表示する
13	納入数	数値	—	・納入前の場合、納入情報テーブルから納入予定数を表示する ・納入済みの場合、納入情報テーブルから納入数を表示して背景をグレーにする
14	在庫数	数値	—	在庫テーブルに在庫情報が登録されている場合、在庫数を強調表示して背景をグレーにする 在庫テーブルに在庫情報が登録されていない場合、直近に確定している在庫数から、売上げ/予測数、納入数を考慮して直在庫数計算して表示する 在庫数＝［前日の在庫数］＋［納入数］－［売上げ/予測数］
15	発注数	入力エリア	推奨発注数	発注数予測式マスタに従って算出した推奨発注数を表示、訂正可能
16	戻るボタン	ボタン	—	ボタンを押下すると、元の画面に遷移する
17	登録ボタン	ボタン	—	ボタンを押下すると、登録確認画面（画面ID：HC_0002_01）へ遷移する

◆ 図5-17　予測結果表示に関する画面定義書の例

示することができます。ディープラーニングやSVMなどを採用した場合は、このような**根拠情報**の表示は困難ですが、予測結果算出の理由が出せるようなアルゴリズムの場合、根拠を表示して予測結果が人にとって直感的かなどの参考にします（根拠情報が必要なときに、解釈性が高いアルゴリズムを選択する必要があるのは4.4でも説明したとおりです）。

◆図5-18　予測結果算出根拠表示の画面定義書の例

メンテナンス機能の設計

　人工知能システムのメンテナンス機能は、次の機能のすべてまたはいずれかを設計します。実際は、アルゴリズムの特性や運用の自動度合いによって、必要度を判断して実装するかを判断します。

①運用中の予測モデルの精度を確認する機能
　長い間運用している予測モデルは、再学習したことで精度が変化したり、逆に再学習しないでおくことで精度が劣化したりすることは、5.5でも述べたとおりです。そこで、精度・性能をモニタリングすることが必要です。モニタリング機能の方法には、次の3パターンがあります。

▶レポート出力型
　定期的に現在運用中のモデルの精度を出力する方法です。レポートには、前回レポート出力時の精度、現在の精度をモデルごとに表示しておき、差が大きいものを確認できるようにします。

▶リアルタイム表示型
　運用・保守担当者が確認したいときに、その直前の一定期間の精度を表示する方法です。オンライン学習など学習の頻度が極端に高い場合や、頻繁に運用・保守担当者がチェックすることを前提にしているシステムの場合に採用します。

▶アラート通知型
　運用時に精度を定期的に確認し、急激に悪化したときに通知する方法です。急激な精度変化が予想され、さらに、そのときに重大な問題がある場合に採用します。

リアルタイム表示型やアラート通知型が必要な特段の理由がない限り、レポート表示型を採用するのがよいでしょう。

②再学習した際にモデルの変化を確認する機能

モデルの再学習結果を確認する機能です。学習したことによって精度が変化したかどうか、モデルが変化したかどうかをチェックします。

精度の変化はもちろんですが、仮に類似の精度だとしてもモデルが大幅に変化した場合は、ユーザが違和感を覚えるようになるなど問題が起

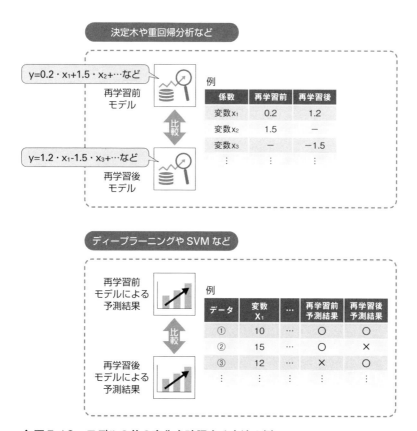

◆図5-19 モデルの差の変化を確認する方法の例

こることがあります。そこで、**モデルの変化**をチェックしてレポートします。

　モデルの変化の確認方法は、図5-19のように2パターンあります。決定木や重回帰分析およびその応用のような、どの変数をどれくらい使っているかがわかりやすいアルゴリズムの場合は、再学習前のモデルと再学習後のモデルについて、変数ごとの重みの違いや、どんな変数を採用しているのかという点から比較します。ディープラーニングやSVMなど変数ごとの重みがわかりづらいアルゴリズムの場合は、同じ評価用データの予測結果を比較します（精度の違いではなく、1つ1つの対象に対する予測結果を比較して、大幅に異なるかを確認します）。

③ユーザからの問い合わせや意見を表示する機能

　人工知能が提示した結果に対して、意見を登録する機能をUIに搭載することは、人工知能システムではよくあります。また、そのような機能がなくても、運用中にユーザから寄せられた意見や問い合わせを記録しておくことは、人工知能をよりよくするために有用なことです。

　運用中のシステムの精度がよいかどうかは、時間が経過することで正解データが手に入りわかるものですが、「なぜ」精度が悪いかや、「どうやれば」それを改善できそうかのヒントはユーザの知見から得られることがあります。

　ユーザからの意見は、次のように類型化してその後の改善につなげます。

▶結果に対する意見

　人工知能が提示した結果に対して異なる結果だという意見を収集し、その傾向を表示します（例：「予測結果が50個と表示されますが、もっと多くないとおかしいと思います。200個以上は確実にあるはずです」）。

▶ 予測モデルの傾向に対する意見

　予測結果を日々活用しているユーザは、結果的に人工知能の挙動について理解するようになります。その結果、ユーザが「人工知能はここが理解できていないんだ」ということを把握できることがあります。そのような人工知能が考慮できていない観点について意見を収集し、その傾向を表示します（例：「大型連休明けは必ず売上げが増加しますが、そのときにとても精度が悪くなります」「競合店が値引きしたときの売上げ減効果が勘案できていないようです」）。

　図5-20に、ユーザから集めた意見の数を表示する機能の例を示します。このようにモデルごとに件数を整理することで、改善すべき対象を把握しやすくします（図の場合、5月に意見が多いため、5月に何か問題が起こっていた可能性を示唆しています）。

ユーザの意見数

カテゴリ名：飲料 ／ ソフトドリンク

モデル名	年	20XX年					
	月	4月	5月	6月	7月	8月	9月
ミルクコーヒーモデル		2	9	3	2	7	2
アイスティーモデル		1	8	1	4	1	4
グリーンティーモデル		4	12	2	1	8	1
オレンジジュースモデル		2	9	1	1	1	1
リンゴジュースモデル		3	8	1	3	2	2

◆ 図5-20　ユーザの意見数の表示例

④**問題があるモデルについて前のモデルに戻す機能**
　精度が悪いもの、モデルが人にとって直感的でないなど、予想モデルに問題があるときに、前のモデルに戻す機能です。機械学習は、モデルを保存しておかないと前のモデルを再現することが極めて難しいこともあり、直近数回分の再学習をしたときのモデルは保存しておくようにします。

⑤**一部のモデルを選択して再学習を行う機能**
　問題があるモデルに関して、手動で作り直す機能です。問題の原因分析を行ったあとに、一部のデータを削除することや、異常な説明変数の値を変更するなどしてから再学習することが多いです。ただし、あまり頻繁に再学習をするとユーザが挙動を理解できなくなるといったデメリットもあるので、再学習したモデルにすぐに差し替えるのではなく、「再学習をする」→「精度・モデルを確認」→「問題ないと判断したときだけ差し替える」という手順をしっかり踏むようにします。

5.9 テスト工程

CASE STUDY　テスト工程

　エンジニアの秋田さんは、人工知能の動作に関するテストの計画をプロマネの森口さんに説明しています。

　秋田さん「テストですが、結合テストにおいて異常データがあったときの振る舞いを多めにテストします」

　森口さん「今回の場合、多くの場合のモデルが気象と過去売上げを参考にしているので、それらが異常だったときのテストを重点的に実施してください」

　秋田さん「はい。あと、リリース前の精度確認を最後に行いますよね？」

　森口さん「もちろんです。可能な限り早めに行って、要件定義時の結果と大幅に異なる場合は顧客に迅速に報告することにしましょう」

人工知能システム特有のテスト項目

　テスト工程で行う試験は、単体テスト、結合テスト、受入れテストなど多数ありますが、これらの試験の内容や手順の多くは通常のシステム開発と同様であり、他の書籍を参照してください。

ここでは、人工知能システム特有のテスト項目やテスト手法に絞って解説します。

単体テスト

単体テストは、プログラム単体が問題なく動作しているかを確認するものです。基本的に人工知能システムと通常のシステムで大きな差がありません。

結合テスト

結合テストは、複数のモジュール・プログラム（サブシステムと呼ぶこともあります）を通して問題なく動作するかを確認するものです。

人工知能システムの場合は、たとえば次のような結合テストを行います。

- 学習用データ作成処理→学習処理→学習結果保存処理
- 予測要求受付け→予測用データ作成処理→予測処理→予測結果保存処理→結果表示処理

以下では、上記のような手順のテストでよく行われる試験について説明します。

▶異常値処理のテスト

異常な学習データを作ってテストを行うことや、予測時に入力されるデータが異常であるときにも問題なく動作するか（または設計通り異常として処理されるか）を確認します。異常値処理のテストは、異常値パターンを多数作っておき試験を行います。異常値処理のテスト時のパターンの例は、次のとおりです。

【数値／ラベルデータの場合】
- 異常に大きい／小さい数値
- 小数点以下の桁が異常に多い数値
- 特定の説明変数がすべて同じ値（実装を誤ると学習処理がうまく動作しないことがあります）
- 特定のラベル型説明変数がすべて異なる値

【自然言語データの場合】
- 文章が非常に長い／短い
- 想定とは異なる言語（英語・中国語など）
- 記号文字など、ひらがな・カタカナ・漢字・数字・句読点以外が使われている

【画像データの場合】
- 画像が非常に大きい／小さい
- 画像の色がすべてモノクロなど想定と異なる
- 画像の縦横比や解像度が想定と異なる

▶**再学習処理のテスト**

再学習処理が設計通りに動作するかを確認します。具体的には、次のようなテスト用の学習データを作成して、「要件定義工程」で定義された動作を確認します。

- 非常にデータが少ない学習データから学習データが徐々に増えていくケース用のデータ
- 学習データの傾向が途中で大幅に変化するケース用のデータ

総合テスト

総合テストでは、すべての処理をつないで問題がないかを試験します。要件定義工程で決めた非機能要件の多くはここで試験することになります。

たとえば、次のようなことを試験します。

▶ **学習処理の時間**

学習処理にかかる時間を試験するときには、想定するデータの中でも最大のデータを用意して、問題がないか確認します。

試験の結果、要件よりも学習処理の時間がかかりすぎる場合は、学習データ量の削減やハードウェアの変更（メモリやCPUの変更）、学習処理の並列化を検討します。

▶ **予測処理の時間**

予測処理にかかる時間を試験するときには、同時に多数の予測処理命令がされたときに問題がないかを確認します。

試験の結果、要件よりも予測処理の時間がかかりすぎる場合は、予測処理の並列化や、場合によっては事前に予測しておく仕組みに変更することを検討します。

受入れテスト

受入れテストは、ユーザ受入れテストと運用受入れテストに分けて行われることが多く、業務が問題なく行えるかを試験するものです。

人工知能システムの場合は、次のような試験が行われます。

▶ 予測結果画面の使い勝手の評価

　画面に表示された結果を見たり、操作したりすることによって、業務を円滑に行うことができるかを確認します。極力、開発者ではなくエンドユーザが自分で動かして評価するようにします。

▶ メンテナンス画面の使い勝手の評価

　運用・保守担当者が予測精度の確認を行うことや、手動での再学習や前のモデルに戻す操作を円滑に行えるかを確認します。

◆ リリースのための分析

　テスト工程になり、リリースが近くなると、その時点の最新データを学習させて、運用開始の時点のモデルを作ります。そして、そのモデルに問題がないかを確認します。具体的には、次の試験を行います。

▶ 精度の確認

　5.3で行った精度の確認を再度行います。要件定義工程のときより、テスト工程のほうが、より最新のデータが手に入るため、精度が変わる可能性があります。そのため、全モデルの精度を確認して、要件定義時と大幅に変わっているものがないかを調べます。

　リリース時点の精度は、利用者に説明する必要があることが多く、そのためにレポートを作成することも多いです（図5-4〜5-6など）。

Chapter 6

人工知能システムの運用・保守

本章では、人工知能システムの開発における
運用・保守フェーズにおけるノウハウについて解説します。
運用・保守フェーズでは、状態の監視と問題の対応が作業になります
（厳密には、状態の監視を運用業務、
問題の対応を保守業務と呼ぶことが多いですが、
本書では厳密な切り分けをせず運用・保守業務とします）。

Artificial Intelligence System

アクセスキー **f**
（小文字のエフ）

6.1 人工知能を見守る

CASE STUDY　状態の監視

　エンジニアの秋田さんは、運用中のシステムの状況についてプロマネの森口さんに報告しています。
　秋田さん「何だか急激に精度が落ちた商品があります。データだけでは原因がわかりづらいのですが、売上げが急増したようです」
　森口さん「データにはないキャンペーンを実施したなど要因があるのかもしれません。十貨堂に確認してみます」

人工知能システムの状態の監視における確認項目

　人工知能システムの運用・保守業務の代表的なものに、**状態の監視**があります。具体的には、Chapter 5で解説したように、メンテナンス機能を開発し、精度などのレポートを見られるようにしておき、それを確認する作業です。
　人工知能システムの状態の監視においてよく行う確認項目を挙げます。

▶ **精度の確認**

精度が急激に劣化していないかを確認します。また、平均精度が悪くないものでも、予測値に大幅に異常なものが1件でも交ざっているとユーザの不満を招くことがあるので、そのようなことがないかを確認します。

再学習を実行したときには、**大幅に精度が劣化していないか**を確認します。また、システムによっては、最初はデータ数が少ない状態で運用を開始して徐々に精度が向上することを想定しているものもあります。その場合、精度が順調によくなっているかを確認すると共に、よくなっていない場合は後述のようにモデルやデータの見直しを行います。

▶ **ユーザからの意見や問い合わせの確認**

ユーザからの意見をシステムで収集できるようにしたり、メールや電話などの問い合わせ窓口を用意したりすることがあります。定期的に意見を確認してユーザに応答する場合や、すべての意見に即座に（1日以内など規定された期間内に）応答する場合などさまざまですが、**意見や問い合わせに対する運用ルールを規定しておく**と、業務が円滑に進みます（例：システムが動作しないなどの業務に対して著しい問題があるときは、即時に調査して遅くとも半日以内に回答、人工知能の挙動に違和感があるという意見の場合は専門知識がある運用・保守担当者が調査を行って1週間以内にメールで回答、それまでは人手での運用で業務実施する）。

人の経験上あり得ない結果を人工知能が出すことがあり、そのようなケースではユーザは不満を覚えます。この場合、まず、不満を覚えた推定対象を聞き、さらにユーザはどういう点でおかしな結果と思うかも聞いておきます（または、システムやメールで入力してもらいます）。続いて原因を調べます。

人の直観・知見に合わない結果に対する原因と対策

ここで、よくある意見・問い合わせとして、「人の直感・知見に合わない結果である」という意見への対処方法を説明します。現象パターンごとに対応方法を整理します。

現象1 学習データに要因と思わしき変数が入っていない
【具体例】
　売上げに関係するキャンペーン、イベント、気象などの要因が変数に入っておらず、その影響があることをユーザが知っているために違和感を覚える。

【対処】
　このケースの場合、通常は新しい変数を追加することを検討します。新しい変数を反映したモデルを作ることで、精度を向上させると共に、ユーザの違和感を取り除きます。しかし、その場合、新しい変数を作成する→学習する→モデルを更新する、というプロセスを経るため、システムが新しくなるまでに時間がかかります。そこで、UIやマニュアルに**「現在反映されていない要因」**という項目を作り、ユーザにわかるようにしておきます。たとえば、「現在、イベントの影響は反映されていないので、イベントがあるときの売上増効果は別途見積もった上で、合算して運用してください」と表示します。これにより、ユーザが、人工知能に入っていない要因を知ることができ、その分は自分の知識で補って業務を行えるようになります。

現象2 学習時に対して、運用時のデータの傾向が大幅に変わっている
【具体例】
　最近新しく競合商品が発売され、売上げが激減した商品について、以前のデータも学習データに含まれているため、実際よりも大きい予測値

が表示されてしまう。

【対処】

このケースの典型的対処方法は、「**昔のデータを捨てる**」ことです。手動でモデルを変更できるように設計している場合は、過去のデータを捨てて再学習するだけで改善することがあります。

他に、上級者向けの対処方法として、「最新のデータのほうが重視されるように、学習時にデータごとの重みを変える」方法や、「傾向が変わる要因となっている情報を新規に変数として導入する」方法もありますが、やや応用的であり、かえって過学習を起こすこともあるため、要因のスキルが高くないときには採用しないほうがよいです。

現象3 過学習している

【具体例】

「ある商品Aは土曜日だけ異常に予測値が大きい」という現象が起き、ユーザから不満の声が上がった。調査したところ、過去の一定期間にわたって毎週土曜日にA商品の購入者へのプレゼントキャンペーンが行われており、そのときの売上げが学習データに入っていたことから、過学習が起こっていることがわかった。

【対処】

原因を調査して過学習とわかった際には、「**過学習原因のデータだけ削除する**」「**過学習原因の変数を削除する**」といった対応で過学習が起きないモデルに差し替えるのが最も安全な対応方法といえます。

過学習が起こったまま運用していても、学習データが蓄積することで改善することはあります。しかし、過学習は、ユーザの知見と著しく異なる結果を出しやすいため、大きな不満につながりやすいです。早めの対処が可能であれば、対処したほうがよいでしょう。

なお、過学習が起こっているかどうかの調査は、重回帰分析のような

解釈性の高いアルゴリズムの場合は、学習結果のモデルの重み（係数）を確認することでわかります。ディープラーニングなどの解釈性が低いアルゴリズムの場合は、問い合わせ対象のデータの変数を一部変更してみて（または隣接するデータなど類似するデータを取り出して）、大幅に予測結果が変わる場合は過学習が疑われます。

現象4　レアケースすぎて学習できない

【具体例】

　あるユーザから「私が担当している店では、B商品はバレンタインデーの前日にチョコレートと一緒に非常に売れているはずだが、その結果が学習されていない」という意見があった。調べてみると確かに売上げが多かったが、学習データの期間が2年間であり、加えて1年間の中でバレンタインデーの1日だけという現象であることから学習されていなかった。

【対処】

　このようなケースをシステム的に対処するのは困難です。なぜなら、人工知能（機械学習）はめったに起こらないことを学習するのには適していないからです。また、めったに起こらないことを重視するように調整すると過学習が起きてしまい、かえって異常な予測結果が増えることにつながります。

　調査の結果、学習データにあまりない現象であることがわかったら、問い合わせを行ったユーザには、レアケースの反映は難しいことを説明することになります。また、具体例のような場合では、今後もバレンタインデーは毎年予測精度が悪くなることが予想されます。そのようなときには、**「○○の日は予測精度が悪い可能性があります」と注意書きをする**ことで、ユーザに人工知能が不得意なケースを理解させます。

現象5 結果がワンパターンすぎる

【具体例】

　ある店の担当者から「パン類は毎日まったく同じ予測結果が出てくるため、日によって差がないのかなと不安に思う」といった意見が寄せられた。

【対処】

　まず日々の予測結果を確認し、**結果がワンパターンになっているもの**を確認します。また、学習結果のモデルを確認できるアルゴリズムの場合は、モデルを確認して重み（係数）がほとんど0など、汎化性能[1]が高すぎないかを確認します。

　過学習を防止するために、正則化の導入などによって汎化性能を上げることは、運用中の予測精度を安定化させるために大変重要ですが、やりすぎると「毎回同じ値」などの直感的な値ではない結果を出すこともあります。その場合は正則化パラメータを変更するなど、学習アルゴリズムのパラメータの調整を行うことで汎化性能を調整する方法があります。また、高すぎる汎化性能のモデルは、学習データが少なすぎるときにも作られることがあるので、学習データの量を確認し、少なすぎる場合は、類似する他のデータと統合するなど、学習データ数を増やすことを検討します。

6.2 人工知能を育てる（1）－自動再学習－

CASE STUDY　自動再学習

プロマネの森口さんは、運用・保守を行っている秋田さんと、自動的な再学習の状況について会話しています。

森口さん「再学習は問題なく動作していますか？」

秋田さん「はい。レポートを見る限り、精度も維持できているようです」

森口さん「来週以降、キャンペーンが多くて傾向が変わりそうですので気を付けてチェックしてください」

秋田さん「わかりました。場合によっては、定期再学習よりも前に、手動での再学習を行います」

人工知能の育て方

　人工知能システムを運用中に改善していくことは、自動／手動の両面から重要なことです。通常の情報システムと違い、**リリース後に段々育っていく**ことが人工知能システムの最大の特徴の1つです。

　人工知能システムが再学習を行うことは、Chapter 5で解説したとおりです。再学習は、新しいデータが作られたときや、問題が起こったときに行われます。データが増えるごとに自動的に再学習する場合や、

運用・保守担当者の操作によって手動で再学習する場合があります。再学習には、1データずつ学習するオンライン学習と、全データを一気に学習するバッチ学習があるのは既に解説したとおりです。自動的な再学習と、手動での再学習のいずれの場合も、再学習したあとにレポートを出力できるようにしておき、精度の変化や異常なモデルができていないかなどを確認します。

　設計通りの挙動を人工知能が行っており、問題なく再学習されているときは、このレポートを確認するだけで十分です。一方で、精度が下がっているときや、問題が起こっているときは、通常の再学習ではなく、**変数やデータを変更したモデルの再学習が必要**です。次節からは、人工知能を改善する目的で行う再学習の方法について解説します。

6.3 人工知能を育てる（2）－忘れさせる－

　人工知能は、過去のデータを覚えて学習するものですが、一般に「昔のデータを忘れる」ということは、学習データの期間を規定しておくなど、明示的に設計しない限り起こりません。そのため、過去のデータを忘れたほうがよい場合は、運用・保守担当者がそのように人工知能に教える必要があります。典型的なパターンを紹介します。

CASE STUDY　トレンドの大幅変化

　エンジニアの秋田さんは、運用中のシステムにおいて、多くの店舗で急に精度が悪くなっていることに気付きました。そこで、プロマネの森口さんと相談しています。
　秋田さん「ここのところ精度が悪くなっていますね。イートインスペースを導入したことで、これまでよりも客数が増加していることが原因のようです」
　森口さん「最も古くイートインスペースを導入した店舗は、何カ月前の導入ですか？」
　秋田さん「4カ月前です」
　森口さん「では、導入後3カ月以上経った店舗は過去のデータをなくしたモデルに差し替える方向にしましょう。試験的にモデルを作ってみて確認してください」

トレンドの大幅変化

　人工知能は、大幅なトレンド変化など過去の学習データの傾向が変化するケースに弱いです。説明変数や目的変数の多くがガラッと変わってしまうことは、事前の検知も不可能なことが多く、事後に対処することになります。

　この場合、過去の学習データをすべて削除して学習を行うことが一般的です。しかし、これでは学習データ数が減りすぎて過学習が起こるなどの問題が発生することがあります。そのため、学習データ数が少なくなりすぎるときは、データが蓄積するまで**「大幅な傾向変化により現在精度が低くなっています」と表示する**などの一時的な対処をしておくことも必要です。

CASE STUDY 説明変数の削除

　エンジニアの秋田さんは、運用中のシステムにおいて、精度が悪いものを調査したところ、原因が気象データ内の「風速」のデータであることがわかりました。そこで、プロマネの森口さんと相談しています。

　秋田さん「どうやら風速のデータがここ1カ月変わったみたいです。今まで小数だったのが整数になっているし、1時間単位に値が変わっていたのが1日に1データになりました。気象会社の取得ポリシーが変わったことが原因のようです」

　森口さん「予告なく変更されてしまったのですか？」

　秋田さん「いやどうやら通知はあったようなのですが、大きな問題ではないと判断していたようです」

　森口さん「それでは、過去のデータは使えませんよね。いったん風速は外したモデルを作り直して運用しましょうか」

説明変数の不安定化

説明変数の不安定化とは、一部の説明変数の値が不安定になったり、信頼性が落ちたりする現象です。センサーが動作不良になったり、外部データの集計ルールが変わったりすることで過去と傾向が変わってしまうと、その説明変数を重視しているモデルでは、推定結果の大幅なズレが起こります。

このようなケースでは、**その説明変数を除外して再学習し、モデルを差し替えます**（一時的な不安定の場合は、過去のデータは保存しておき、説明変数を追加し直すことも検討します）。前述のトレンド変化の場合は、過去のデータをすべて除外するのに対して、説明変数の不安定化では特定の変数だけ除外します。このほうが精度が悪化する可能性が少ないため、特定の変数が問題であることがわかっているときは、こちらの対処方法を実施します。

CASE STUDY　異常データの削除

エンジニアの秋田さんは、運用中のシステムにおいて、精度が悪いものを調査していたところ、原因がお得意様の大型注文であることがわかりました。そこで、プロマネの森口さんと相談しています。

秋田さん「どうやら年に数回ほど1日に1,000個以上の異常な注文がある商品がありますね。学校か何かからの特殊な注文であるようです」

森口さん「それでは、過去のデータで判明している特殊注文は削除してモデルを作り直してください。今後は事前にわかるように、店舗運営者から受注状況を受け取れないか相談してみます」

学習データ内の異常データ

　学習データの中に、特別なデータが数点あるだけで、それを過学習してしまうことがあります。過学習を防ぐ仕組みが導入されているときは、異常データの数がわずかならば問題なく動きますが、異常データの数が一定以上になると問題が発生するような挙動になります。

　CASE STUDYのように、原因となっているデータが明確にわかっているときは、**そのデータを削除して再学習すると共に、今後はそのようなデータが学習されないようなチェックロジックを実装します。**

6.4 人工知能を育てる（3）
－新しい知識を教える－

CASE STUDY　変数の追加

　プロマネの森口さんは、十貨堂から得た意見から変数の追加を検討しており、作業についてエンジニアの秋田さんと相談しています。
　森口さん「どうやら店舗近隣のイベント情報と、CM投下量を追加するのがよいのではないかと十貨堂さんはいっているね」
　秋田さん「どちらもデータはありますか？」
　森口さん「イベントは最近半年分、CMはおよそ３年分あるようだ」
　秋田さん「そうですか。では、追加で学習させて精度を確認します。イベント情報はさらに前のものも作成できないか依頼してみてください」

新しい変数の追加

　人工知能の精度を上げるために**新しい変数を追加する**ことは、運用中に行う最も典型的な作業です。変数の追加の際には、追加する変数のデータの量や期間を確認する必要があります。仮にデータの量があまりに少ない場合は、データが蓄積されるまで追加を保留するのがよいです。

なお、CASE STUDYにおけるイベント情報のように、追加するデータも過去にさかのぼって作成できる情報の場合は、極力長い期間、過去の情報を作成して追加するようにします。

 データの統合

　エンジニアの秋田さんは、ユーザからの意見リストを見てプロマネの森口さんと相談しています。
　秋田さん「最近追加された商品Zは新商品だということで、代替モデルで運用されていましたが、どうやら商品Yの後継商品で実質的に同じものであるようですね」
　森口さん「それは聞いていませんでした。十貨堂に確認後、統合を検討しましょう」

データの統合

　個々の学習データが指し示すものは、説明変数が異なる値になっていれば別のものだと学習するものです。しかし、人の目から見ると、人工知能が別のものだと判断したものが、実は類似するものだとわかることがあります。そのときに、「**このデータとこのデータは同じものを指している**」と人工知能に教えるようにします。具体的には、学習データを統合することや、説明変数が違う値のものを統合して1つの値にすることを指します。

テキストデータにおける新しい知識の登録

　CASE STUDYは、数値・ラベルデータの学習のケースですが、自然言語などテキストデータの場合は、新しい知識の登録がより特徴的です。

　テキストデータの場合は、同義語や類義語の登録をすることで精度が向上することがあります。運用中に新しく登場した用語（特に固有名詞）について、重要な用語は同義語辞書への登録を行います。大量に文書がある場合はWord2vecなどで同義語を自動学習できることもありますが、手動で登録できる場合は、そのほうが手間がかからず低コストで済むことが多いです。

　また、チャットボットシステムなど、自然言語での質問文に対して、登録済みの回答文から選択して表示するような仕組みの場合は、「今までまったく想定されていなかった質問」が入力されることがあります（適切な応答が返されないことでユーザにとって不便になります）。運用・保守担当者は、そのような未登録の質問に対する回答を入力しながらデータを増やしていくことで、徐々に人工知能を賢くしていきます。

6.5 人工知能と人の協調

  人工知能の得意・不得意

　エンジニアの秋田さんは、十貨堂のユーザたちに人工知能の挙動を説明するマニュアルの内容についてプロマネの森口さんと相談しています。
　秋田さん「現状のシステムは、季節による商品の入れ替えが多い果実類が不得意なので、その旨を記載しておきます」
　森田さん「それから、ゴールデンウイーク明けや年末年始明けがカレンダーによっては不安定になることも記載しておこう」
　秋田さん「これらはアラートを画面上に表示していますが、その傾向を説明しておくということですね」

人工知能にも不得意なことがある

　人工知能は、運用していくとどんどん賢くなっていって人と同等か、または、それ以上に優秀なものが自動でできると思われることもあります。しかし、学習させるデータによって、不得意なこともあります。
　そこで、人工知能を利用するユーザ側も、人工知能の特性を理解して業務を行うのが現実的な対応です。そのため、運用・保守担当者は**「人工知能と人の協調」を促進するための情報**をユーザに提供します。

ここで、人工知能を利用する側の人がどのように心がけて利用すればよいのかを説明します。

得意・不得意なことを知る

人工知能は、データ数が少ないときや、データの中でも発生頻度が低い現象に弱い特性があるのは、これまで説明したとおりです。そのため、実際の運用では、**得意なこと・不得意なこと**を人が理解して、業務における柔軟性を持たせることが必要です。人工知能が得意なケースでは頼りにして、そうではないケースでは人の判断も交えることで、「長く人工知能と付き合う」ことができるようになっていきます。

CASE STUDY 人工知能の変化

エンジニアの秋田さんは、十貨堂で店舗業務を管理している田村さんと相談しています。

秋田さん「最近、ほとんどの店舗で精度が上がってきました。ですが、魚売場の商品は精度が落ちているようです。どうしてかわかりますか?」

田村さん「魚関係は、最近仕入れルートを大きく変えて平均の価格が変わったので、これまでと傾向が違うのかもしれません。あと、値下げルールを変えたので、これはキャンペーンデータに投入しておきます」

秋田さん「ありがとうございます。それと、精度は変化していませんが、生活用品コーナーのモデルが大幅に変わって、土日など曜日系の重みが変化しているようです。何か業務が変わりましたか?」

田村さん「それは毎土日に、洗剤などの生活用品を入口近くに平積みで並べることにしたからかもしれません。狙い通りです」

人工知能の変化をきっかけに業務ノウハウを手に入れる

　人工知能は、運用していると精度やモデルが変化します。この変化には**業務のノウハウが隠されている**ことが多いので、上記のように業務部門にレポートして、業務の変化と人工知能の変化が連動しているのか、していないならその原因は何かなどを確認します。

　たとえば、CASE STUDYでは、新しい施策（配置の変更）を行ってしばらくしたらモデルが変わったのは、施策の効果がデータに反映されたことになります。このように施策の効果検証も併せて活用していくことで、人工知能の利用価値が上がることになります。

付録

付録に、ケーススタディで作成された以下の文書を記載します

- 提案依頼書
- 開発提案書
- トライアル分析提案書
- トライアル分析報告書
- WBS
- 機能要件定義書・非機能要件定義書
- 要件定義のためのデータ分析報告書

Artificial Intelligence System

アクセスキー **M**
（大文字のエム）

付録Aでは、CASE STUDYの中で、十貨堂が発行した提案依頼書を示します。

商品発注システム　提案依頼書

1. 案件概要

(1) システム構築の背景と目的

　弊社では、顧客のニーズにより答えるため、店舗の大型化や小規模店舗の新設など店舗タイプのバリエーションを増やすと共に、取り扱う商品数を増加させる取り組みを進めています。また、店員が顧客と接する時間をより増やすため、バックヤード業務の効率化に継続的に取り組んでいます。

　これまで、発注業務は、各店舗の事情に即した発注を現場判断で行うために、店舗スタッフの手動入力で行ってきました。そのことにより、在庫切れや過剰在庫といった問題が発生しています。現在、惣菜や食品を中心に、年間約10億円、1店舗平均約1,400万円の廃棄ロスが課題となっています。

　そこで、廃棄コストの減少のために自動的に需要予測を行い、発注数を推奨するシステムを開発します。

　また、副次的な目的として、発注者が発注数を決定するための作業時間の低減や欠品商品数の低減があります。

（2）システム化の範囲

弊社が想定している人工知能発注システムの範囲を以下に示します。

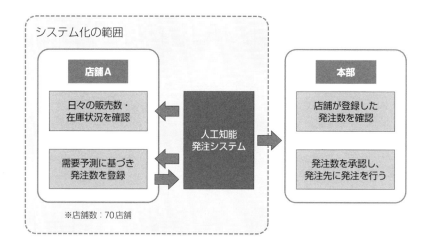

（3）システム化対象業務

人工知能発注システムが対象とする業務を以下に示します。

在庫状況管理

店舗において、販売数、在庫数、納入数の確認を行います。
商品カテゴリを指定して在庫状況を参照できるようにします。日単位、時間単位表示できるようにします。

発注処理

店舗において、商品単位の発注数を入力し、発注データを本部へ送信します。
発注数入力欄には、販売情報、カレンダー情報、気象情報、イベント情報、キャンペーン情報から算出した需要予測数を初期表示します。初期表示した需要予測に基づく発注数は、店舗の判断により変更できるようにします。

（4）画面案

本システムの画面案を以下に示します。

①在庫管理画面：日単位の表示

カテゴリ名			表示範囲					
▼ 飲料	▼ ソフトドリンク		▼ 2018年4月1週目					

<<前週　翌週>>

商品名	日付	4月1日	4月2日	4月3日	4月4日	4月5日	4月6日	4月7日
	曜日	月	火	水	木	金	土	日
ミルクコーヒー	売上数	13	15	11	13	15	11	11
	納入数	8	14	16	8	14	16	16
	在庫数	20	19	24	20	19	24	24
アイスティー	売上数	5	2	3	5	2	3	3
	納入数	3	9	3	3	9	3	3
	在庫数	6	9	9	6	9	9	9
グリーンティー	売上数	5	2	3	5	2	3	3
	納入数	3	9	3	3	9	3	3
	在庫数	6	9	9	6	9	9	9

戻る

②在庫管理画面：時間単位の表示

カテゴリ名			日付							
▼ 飲料	▼ ソフトドリンク		▼ 2018年4月1日							

<<前日　翌日>>

商品名	日付	4月1日									
	時間	10	11	12	13	14	15	16	17	18	19	20
ミルクコーヒー	売上数	1	2	1	2	1	2	1	2	1	2	1
	納入数	3	3	2	1	3	4	2	1	4	2	3
	在庫数	1	4	3	1	4	3	2	4	1	4	3
アイスティー	売上数	1	2	1	2	1	2	1	2	1	2	1
	納入数	3	3	2	1	3	4	2	1	4	2	3
	在庫数	1	4	3	1	4	3	2	4	1	4	3
グリーンティー	売上数	1	2	1	2	1	2	1	2	1	2	1
	納入数	3	3	2	1	3	4	2	1	4	2	3
	在庫数	1	4	3	1	4	3	2	4	1	4	3

戻る

③発注画面:需要予測に基づく発注数入力

カテゴリ名			発注日	
▼ 飲料	▼	ソフトドリンク	▼	2018年4月3日

商品名	日付	4月1日	4月2日	4月3日	4月4日	4月5日	4月6日	4月7日	発注数
	曜日	月	火	水	木	金	土	日	
	備考	ー	ー	発注日	ー	納入日	ー	ー	
カテゴリ予測数		ー	ー	17	30	19	17	17	ー
ミルクコーヒー	売上げ/予測数	**1**	**15**	**11**	13	15	11	11	10
	納入数	**8**	**14**	**16**	8				
	在庫数	**20**	**19**	**24**	29				
アイスティー	売上げ/予測数	**5**	**2**	**3**	5	2	3	3	0
	納入数	**3**	**9**	**3**	3				
	在庫数	**6**	**9**	**9**	12				
グリーンティー	売上げ/予測数	**5**	**2**	**3**	5	2	3	3	2
	納入数	**3**	**9**	**3**	3				
	在庫数	**6**	**9**	**9**	11				

※太字は実績数または確定数

[戻る] [登録]

(5) 業務委託範囲

本システム構築における委託範囲は、次のとおりです。

①発注システムの開発

②本番環境構築

③保守運用

(6) システム導入スケジュール

本システムのカットオーバは20XX年4月1日を予定しています。

(7) 納品物

弊社では、次の納品物を想定しています。

①システム一式

②ソースコード一式

③要件定義書

④設計書

⑤システム運用マニュアル

2．提案依頼内容
（1）提案書記載事項
　本システム構築に関するご提案をお願いいたします。提案にあたっては、次の情報をご提示ください。
　①システム概要
　②ハードウェア構成
　③ソフトウェア構成
　④開発スケジュール
　⑤開発方針
　⑥品質管理計画
　⑦体制
　⑧納品物
　⑨保守・運用
　⑩費用
　⑪提案の前提条件

（2）提案スケジュール
　①提案締切り　：20XX年10月10日17時
　②提案説明　　：20XX年10月12日〜20XX年10月20日
　③選定結果通知：20XX年10月31日

（3）問い合わせ
　本提案依頼に関する問い合わせは、以下にお願いいたします。
　　担当：十貨堂株式会社　情報システム部　山口
　　電話：00-0000-0000
　　メール：yamaguchi@xxxx.co.jp

3．契約条件
省略

開発提案書

十貨堂株式会社御中

人工知能発注システム開発のご提案

MYソフト株式会社
20XX年XX月XX日

目次

1. **弊社の理解**
   - システム構築の背景
   - システム構築の目的
2. **提案システムの概要**
   - 提案システムのポイント
   - システム構成図
3. **システム構成**
   - ハードウェア構成
   - ソフトウェア構成
4. **開発方針**
   - 開発の進め方
   - データ分析の目的と進め方
   - 品質の考え方
5. **開発スケジュール**
6. **開発体制**
7. **納品物**
8. **運用・保守**
   - 保守内容
   - 運用内容
9. **提案金額**
10. **前提条件**

1. 弊社の理解（1）

システム構築の背景

御社の取り組み

多様化する顧客ニーズに応えるため次の取り組みを実施。
　①店舗の周辺環境のニーズに合わせ、店舗の大型化、小規模店舗の新設など、店舗タイプのバリエーションを増やす取り組み
　②取扱い商品数を増加させる取り組み

現状の課題

①急激な店舗拡大による、従業員の労働力不足
②発注業務を、各店舗の事情に即した現場判断により行うことによる、在庫切れ・過剰在庫の発生

---

1. 弊社の理解（2）

システム構築の目的

現状の課題

①急激な店舗拡大による、従業員の労働力不足
②発注業務を、各店舗の事情に即した現場判断により行うことによる、在庫切れ・過剰在庫の発生

システム構築の目的

①人工知能発注システムの導入により発注業務を効率化し人件費を削減する
②人工知能発注システムの導入により発注業務を均質化し、在庫切れによる機会損失や、過剰在庫による廃棄ロスを削減する

2. 提案システムの概要（1）

提案システムのポイント

弊社がご提案する人工知能発注システムのポイントを以下に示します。

豊富な導入実績を持つ 需要予測アルゴリズムを採用	大手小売業10社以上における導入実績を持つ弊社独自の需要予測アルゴリズムを採用し、御社の要件に合わせてカスタマイズします。
オープンソースの活用による コスト削減	Linux、Tomcatなどのオープンソースを活用することで、機器調達費用を最小限に抑えます。
分散処理による高速化	学習処理を分散処理により高速化することで、予定時間内の処理を完了させます。定期的な学習処理の遅延により、定常業務に支障が出ることを抑制します。

2. 提案システムの概要（2）

システム構成図

　システムの全体の構成を次に示します。

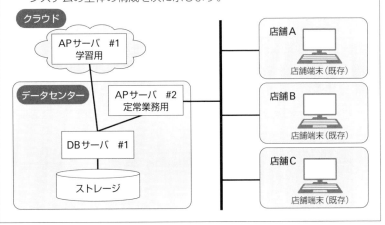

2. 提案システムの概要（3）

業務フロー

想定する業務フローを以下に示します。

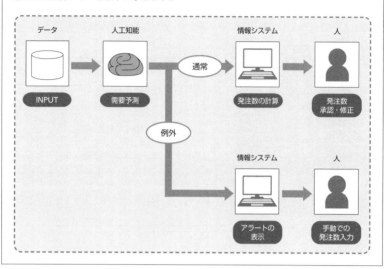

3. システム構成（1）

ハードウェア構成

ハードウェア構成を以下に示します。

機器名	数量	仕　様
APサーバ　#1 学習用	1	XX社　製品名：xxx　型番：xxx CPU：xxxx　メモリ：xxxxx　ディスク：xxxxxxxx
APサーバ　#2 定常業務用	1	XX社　製品名：xxx　型番：xxx CPU：xxxx　メモリ：xxxxx　ディスク：xxxxxxxx
DBサーバ　#1	1	XX社　製品名：xxx　型番：xxx CPU：xxxx　メモリ：xxxxx　ディスク：xxxxxxxx
ストレージ	1	XX社　製品名：xxx　型番：xxx ディスク：xxxxxxxx
UPS装置	1	XX社　製品名：xxx　型番：xxx
モニタ	2	XX社　製品名：xxx　型番：xxx

3. システム構成（2）

ソフトウェア構成

ソフトウェア構成を以下に示します。

機器名	ソフトウェア名	バージョン
APサーバ #2 定常業務用	Tomcat	Xxxxxxxxxxxxxx
	Java	Xxxxxxxxxxxxxx
	Linux	Xxxxxxxxxxxxxx
APサーバ #1 学習用	AIエンジン	Xxxxxxxxxxxxxx
	Python	Xxxxxxxxxxxxxx
	Linux	Xxxxxxxxxxxxxx
DBサーバ #1	PostgreSQL	Xxxxxxxxxxxxxx
	Linux	Xxxxxxxxxxxxxx

4. 開発方針（1）

開発の進め方

- 今回の開発では、ウォーターフォールモデルを用いて開発を進めます。
- 要件定義フェーズにおいて、人工知能導入のためのデータ分析を行いながら仕様を検討する点が特徴です。

工程	概要	作成物
要件定義	ご担当者様へのヒアリングおよびデータ分析を通じて、人工知能導入のための要件を整理し、合意する	機能要件定義書、非機能要件定義書、画面イメージ
基本設計	システムの基本的な構成と振る舞いを設計し、合意する	アーキテクト設計書、基本設計書、DB設計書
詳細設計	システムの詳細な構成を設計し、合意する	詳細設計書
製造・単体テスト	システムの実装と、機能単体のテストを実施する	単体テスト仕様書、結果報告書
結合テスト	機能間の結合テストを実施し、基本設計の要件を満たしていることを証明する	結合テスト仕様書、結果報告書
総合テスト	実運用を想定して実施し、要件定義の要件を満たしていることを証明する	総合テスト仕様書、結果報告書
受入れ支援	御社が実施する受入れ作業およびシステム移行作業を支援する	受入れテスト、ユーザ教育ドキュメント、システム移行支援ドキュメント

4. 開発方針（2）

データ分析の目的と進め方①

要件定義フェーズにおいてデータ分析を行うことにより、予測精度の確認と人工知能の仕様を決定いたします。

人工知能発注システムにおけるデータ分析の目的

1. 全店舗、全商品の予測精度の確認
2. 予測粒度の決定（カテゴリ予測または単品予測）
3. モデル更新方法の決定（更新頻度、学習データ量）
4. 新対象予測方法の決定（新店舗、新商品）

4. 開発方針（3）

データ分析の目的と進め方②

データ分析は、次のプロセスで実施します。

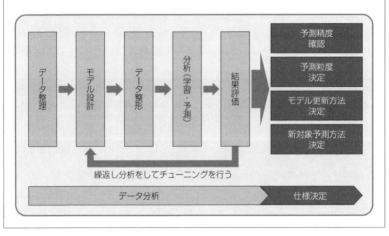

4. 開発方針（4）

品質の考え方

本開発では、次のプロセスにより、確実な品質確保を実現します。

品質基準値と工程終了条件の定義
本開発では、各工程開始時に実施計画を行い、品質基準値および工程終了条件を明確に定義します。

レビューの実施
PJ内部レビューにおいて品質基準値の達成の確認を行ったあとに、御社のレビューを受けることにより、確実に品質を確保します。

工程終了条件の実施
各工程における作業が完了した時点で、最終的に工程終了条件を満たしているか判定を行います。終了条件を満たしていない場合は、追加の措置を講じ、終了基準を満たした上で、次の工程へ進みます。

5. 開発スケジュール

開発スケジュールを次に示します。

トライアル分析については別紙「トライアル提案書」にてご提案します。

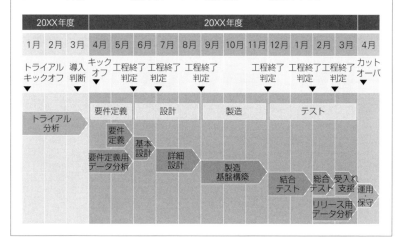

6. 開発体制

開発体制を以下に示します。

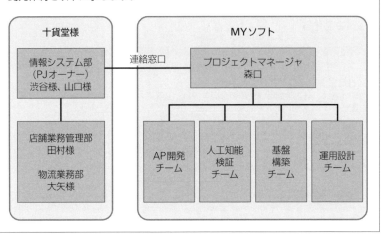

7. 納品物

人工知能発注システム開発の納品物を下表に定義します。

No.	名称	説明	納入方式
1	要件定義書	システムの要件を記述した資料	紙（正・副） CD-R（正・副）
2	設計書	システムの設計を記述した資料	紙（正・副） CD-R（正・副）
3	システム運用マニュアル	システムの運用手順を記述した資料	紙（正・副） CD-R（正・副）
4	システム一式	人工知能発注システム	現物
5	ソースコード一式	人工知能発注システムのソースコード	CD-R（正・副）

8. 運用・保守（1）

保守内容

システム保守内容は、以下を想定します。

- ●サービス内容
  - 障害発生時の原因切り分け
  - ハードウェア、ソフトウェアベンダへのディスパッチ
  - 問い合わせ対応

- ●サービス提供時間
  - 9：00～22：00

- ●受付窓口
  - 電話もしくはメール

- ●備考
  - 障害切り分けの結果、原因がアプリケーションにある場合は、瑕疵期間中はアプリケーションの改修を実施いたします。
  - 保守サービスの内容は、カットオーバ前に改めて提案させていただきます。

8. 運用・保守（2）

運用内容

機械学習の運用に関する作業内容は、次のものを想定します。

- ●モデルの更新
  - 月に1回、予測モデルの更新を実施

- ●予測精度の確認
  - 月に1回、異常予測結果および異常データのチェックを実施

- ●新規予測対象の追加
  - 月に1回、一定以上データの蓄積があった予測対象について新規予測対象として学習しモデルを追加

- ●運用報告の実施
  - 月に1回、予測結果の検証レポートを提出
  - 月に1回、異常予測結果および異常データのチェック結果レポートを提出

- ●予測結果に関するお問い合わせの対応
  - 電話もしくはメールにて受付けを行い、調査後、回答をメールで実施
  - システム保守と同の受付窓口・時間を想定

9. 提案金額

ご提案金額

　－要件定義費用　　　　　　xxx,xxx 千円
　－開発概算費用　　　　　　xxx,xxx 千円
　－運用・保守概算費用　　　xxx,xxx 千円/年

参考価格

　－ハードウェア・ソフトウェア　　xxx,xxx 千円

10. 前提条件

人工知能発注システム開発を行うにあたっての前提条件を以下に示します。

- 要件定義工程は、準委任契約とさせていただきます。
- 基本設計工程から受入れ支援は、請負契約とさせていただきます。
- 運用・保守工程は、準委任契約とさせていただきます。
- 要件定義工程完了後、基本設計以降の正式見積もりを改めて提示いたします。
- ハードウェア製品・ソフトウェア製品の購入に関しましては、貴社にて実施していただくことを想定しております。
- プロジェクトの開始は、20XX年9月1日を想定しています。この日よりも開始が遅れる場合、カットオーバ日を含め、スケジュールを調整させていただきます。

付録C　トライアル分析提案書

十貨堂株式会社御中

人工知能発注システム
トライアル分析のご提案

MYソフト株式会社
20XX年XX月XX日

目次

1. トライアル分析の目的と概要
2. トライアル分析のご提案範囲
3. トライアル分析の利用データ
4. トライアル分析のスケジュール
5. トライアル分析の体制
6. お見積もり金額
7. 前提条件
8. 依頼事項
9. ご提供データ

1. トライアル分析の目的と概要

トライアル分析の目的

人工知能技術を用いて需要予測や発注シミュレーション検証を行い、次のことが実現できることを確認する。また、実現のために必要なデータを検討する。
- さまざまな条件で変動する商品の需要量を高精度で予測する
- 高精度な予測結果を基に、最適な発注量を自動決定できる

分析対象店舗	**3店舗**	※欠品が少なく、売上数が多い標準的な店舗を選定
分析対象商品	**20商品**	※売上構成比が大きい定番商品を選定
データ期間	**過去3年間**	
予測先	**1日後~14日後**	時間分解能 **1時間**

2. トライアル分析のご提案範囲

発注業務に対する人工知能導入の判断をするためのトライアル分析をご提案します。

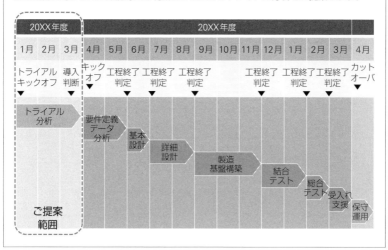

3. トライアル分析の利用データ

トライアルデータ分析では貴社よりデータをお預かりした上で、弊社のノウハウを活用して需要予測に有効な因子を抽出します。
抽出した因子を用いて、需要予測のためのデータ分析を行います。

お預かりするデータ
- 商品マスタ、店舗マスタ
- POSデータ（レシートデータ）
- イベント、キャンペーンデータ

弊社にて収集・作成するデータ
- 気象データ
- カレンダーデータ

需要予測に有効な因子（例）
- 過去の売上数
- 過去のレジ通過客数　　など

- イベント、キャンペーンの有無
  （開催前/中/後）　　など

- 降水量、湿度、最高/最低気温
- 天気（晴れ、曇り、雨、雪）　など

- 曜日、時間帯
- 平日/土日祝/連休　　など

4. トライアル分析のスケジュール

トライアル分析のスケジュールを次に示します。

No.	実施項目	内容	役割分担 貴社	役割分担 弊社	スケジュール m月	スケジュール m+1月	スケジュール m+2月
1	データ観察	データの理解	○	◎	▶		
2	データセット作成	分析エンジンの入力形式に整形		◎		▶	
3	分析モデル設計	使用変数、データ量(期間)、エンジンパラメータ、モデル評価指標の決定		◎		▶	▶
4	分析モデル作成・評価	エンジンによるモデルの作出、モデル評価指標の算出、モデルの解釈、考察		◎		▶	▶

▲中間報告　▲最終報告

5. トライアル分析の体制

トライアル分析の体制を次に示します。

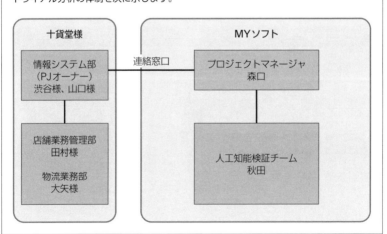

6. お見積もり金額

分析作業費　　　　　　　　xx,xxx 千円

※当お見積もりは概算費用です。
　トライアル分析の作業範囲が確定後、正式なお見積もりを提示いたします。

7. 前提条件

トライアル分析にあたっての前提条件を以下に示します。

・分析作業は、弊社分析環境で実施する想定です。

・分析作業は、ご提供依頼したデータがそろってから開始いたします。

・分析結果のご報告は、中間報告・最終報告の2回を想定しております。

・分析対象範囲（店舗・分類・商品）は、お客様と弊社の双方で合意の上最終決定いたします。

※分析作業開始後に、合意した範囲外の分析をご要望いただいた場合は、別途追加費用が発生いたします。ご了承のほどお願いいたします。

8. 依頼事項

トライアル分析にあたっての依頼事項を以下に示します。

- 本トライアル分析プロジェクトについて、貴社ご担当者様のご参画をお願いいたします。
  併せて、次ステップとしてご提案している、人工知能発注システムの導入判断をいただける方のご参画もお願いいたします。

- 「9. ご提供データ」に記載のデータのご提供をお願いいたします。

- データをご提供いただく際は、「お預かり証兼返却／消去確認書」を発行いたしますので、ご捺印をお願いいたします。

9. ご提供データ

次に示すデータをご提供願います。

No.	データ名	必要な情報	用途
1	商品マスタ	商品コード、商品名、商品分類、販売期間、発注単位、最低発注数	POSデータ中の商品コードと対応付けて、分析対象分類や商品の特定に使用します。また、発注単位、最低発注数を発注シミュレーションツールの設定に使用します。POSデータと商品マスタの対応付け方法について、併せてご教授をお願いいたします。
2	店舗マスタ	店舗コード、店舗名、住所、営業時間、営業開始／終了日	POSデータ中の店舗コードと対応付けて、分析対象店舗の特定に使用します。POSデータと店舗マスタの対応付け方法について、併せてご教授をお願いいたします。
3	便マスタ	各商品の発注可能便、各店舗の各便到着時刻	発注シミュレーションツールの設定に使用します。
4	POSデータ	レシートコード、商品名、数量、売価	需要予測、発注シミュレーションに使用します。
5	在庫、廃棄データ	在庫実績、廃棄実績	発注シミュレーション結果の評価に使用します。
6	発注、納品データ	発注実績、納品実績	発注シミュレーション結果の評価に使用します。

付録D トライアル分析報告書

十貨堂株式会社御中

人工知能発注システム
トライアル分析結果のご報告

MYソフト株式会社
20XX年XX月XX日

エグゼクティブサマリ

トライアル分析目的

人工知能技術を用いて需要予測・発注シミュレーション検証を行い、下記が実現できることを確認する。
- さまざまな条件で変動する商品の需要を高精度で予測する
- 高精度な需要予測結果を基に、最適な発注数を自動決定できる

トライアル分析結果

- トライアル分析対象として選定した店舗、商品において、高精度での需要予測が可能であることを確認
- 発注シミュレーションの結果、欠品時間・廃棄率を削減できることを確認

ご依頼事項

- 当結果より、人工知能発注システムの開発フェーズへの移行可否をご判断ください。
- システム開発に関しては「人工知能発注システム開発のご提案」をご確認ください。

目次

1. トライアル分析の目的と概要
2. トライアル分析の実施方法
3. 学習モデル
4. トライアル分析の利用データ
5. 分析結果　需要予測の目標達成状況
6. 分析結果　発注精度の目標達成状況
7. 分析結果　得られた知見
8. 総括
9. システム化に向けて

1. トライアル分析の目的と概要

トライアル分析の目的

人工知能技術を用いて需要予測や発注シミュレーション検証を行い、次のことが実現できることを確認する。また、実現のために必要なデータを検討する。
- さまざまな条件で変動する商品の需要量を高精度で予測する
- 高精度な予測結果を基に、最適な発注量を自動決定できる

分析対象店舗	**3店舗**	※欠品が少なく、売上数が多い標準的な店舗を選定
分析対象商品	**20商品**	※売上構成比が大きい定番商品を選定
データ期間	**過去3年間**	
予測先	1日後～14日後	時間分解能　1時間

2. トライアル分析の実施方法

予測実行時点で入手可能なデータを利用して、1日〜14日後の需要を予測実施しました。

モデルの作成方法・評価方法

- ご提供いただいたデータを「学習区間」と「評価区間」に分割
- 学習区間で、答えを知っている状態で1日後〜14日後を予測するモデルを作成
- 評価区間で、そのモデルを使って、答えを知らない期間の予測値を計算して精度を評価

ご提供いただいたデータ	
学習区間	評価区間
分析エンジンがルールを学習する区間	発見したルールに従い、予測値を計算する区間
・売上数(答え)を与える ・精度評価対象外	・売上数(答え)を与えない ・精度評価対象

説明変数と予測先の関係

1日後〜14日後を予測

説明変数:予測実行時点で入手可能なデータ(予測実行日の2日前より、前)					予測実行日	予測先(1日後)	予測先(2日後)	...	
説明変数:予測実行時点で入手可能なデータ(予測実行日の2日前より、前)						予測実行日	予測先(1日後)	予測先(2日後)	...
4月19日	4月20日	4月21日	4月22日	4月23日	4月24日	4月25日	4月26日	4月27日	4月28日
火	水	木	金	土	日	月	火	水	木

3. 学習モデル

今回は正則化付き重回帰分析を採用しました。

正則化付き重回帰分析とは

複数の説明変数の中から目的変数との関連性の大きい変数に絞り込んで、モデルを構築する方法

採用の理由

- 学習対象のデータ数が500件～2,000件であり、ディープラーニングなど大量のデータを要する複雑なアルゴリズムは不適である
- 重回帰分析は、各変数の重みがわかり、その重みを解釈することで売上げに影響を与えている変数がわかるため適している
- 正則化は過学習※を防ぐことができることに加え、変数を絞り込むことで、売上げに関係がある要因の候補がシンプルになる効果があるため適している

※ 過学習とは
学習したデータの特殊な特徴をつかんでモデル化してしまうこと。過学習した場合、未知のデータに当てはめて予測した際に誤差が大きくなる。

4. トライアル分析の利用データ

目的変数

分類	変数名	型	説明
売上情報	予測対象日の売上数	数値	―

説明変数

分類	変数名	型	説明
カレンダー情報	予測対象日の曜日フラグ	カテゴリ	0:日、1:月、2:火、3:水、4:木、5:金、6:土
	予測対象日の休日フラグ	カテゴリ	0:休日ではない、1:休日
販売時実績	○日前の販売実績	数値	
	同曜日の販売平均	数値	
天気情報（予測対象日）	予測対象日の降水量の合計 (mm)	数値	学習区間：予測対象日（＝予測実行日の1日後、2日後、3日後）の天気実績 予測区間：予測対象日（＝予測実行日の1日後、2日後、3日後）の天気予報
	予測対象日の最高気温（℃）	数値	
	予測対象日の最低気温（℃）	数値	
天気情報（予測対象日1週間前）	予測対象日1週間前の降水量の合計(mm)	数値	学習区間・予測区間とも、予測対象日1週間前の天気実績
	予測対象日1週間前の最高気温（℃）	数値	
	予測対象日1週間前の最低気温（℃）	数値	
イベント	定期イベント	カテゴリ	0:なし、1:正月、2:バレンタイン、3:七夕、4:ハロウィン、5:クリスマス
	ローカルイベント	カテゴリ	0:なし、1:運動会、2:ライブ、3:花火大会、4:納涼祭
キャンペーン	値下げ	カテゴリ	0:対象外、1:対象
	セット販売	カテゴリ	0:対象外、1:対象

5. 分析結果(1) 需要予測の目標達成状況

- 需要予測の結果を次に示します。
- どの店舗も、平均22〜24%の精度で予測できることを確認しました。

予測精度(評価データの平均誤差率)

	店舗A	店舗B	店舗C	平均
商品A	18.3%	19.3%	20.3%	19.3%
商品B	23.8%	22.8%	23.8%	23.5%
商品C	25.4%	26.4%	22.3%	24.7%
商品D	29.9%	28.9%	25.0%	27.9%
商品E	24.7%	25.7%	22.4%	24.3%
︙	︙	︙	︙	︙
平均	24.4%	24.6%	22.8%	—

5. 分析結果(2) 需要予測の目標達成状況(補足)

- 次の表は、評価期間における最大誤差率を示しています。
- 商品Bの最大誤差率が他の商品より高くなっています。これは、3月に競合商品が発売されたことで需要が急減したためと考えられます。

最大誤差率

	店舗A	店舗B	店舗C	平均
商品A	28.2%	26.1%	29.8%	28.03%
商品B	49.2%	47.8%	50.4%	49.13%
商品C	31.4%	29.9%	32.4%	31.23%
商品D	35.2%	38.2%	32.5%	35.30%
商品E	31.4%	32.5%	30.5%	31.47%
︙	︙	︙	︙	︙

5. 分析結果（3） 需要予測の目標達成状況（補足）

- 次の表に学習精度と評価精度を示します。
- 商品Bにおいて学習と評価の誤差率の差が大きいのは、評価期間中に競合商品が発売されたことにより、商品Bの売上げが通常よりも急減したためと考えられます。
- 商品Cは最近発売した商品であり、学習データの期間が短いため、季節特性やイベント特性をつかむことができず、学習と評価の誤差率の差が大きくなっていると考えられます。

誤差率一覧

	店舗A		店舗B		店舗C	
	学習	評価	学習	評価	学習	評価
	学習 － 評価		学習 － 評価		学習 － 評価	
商品A	16.8%	18.3%	17.3%	19.3%	19.5%	20.3%
	－1.5%		－2.0%		－0.8%	
商品B	15.4%	23.8%	16.8%	22.8%	15.5%	23.8%
	－8.4%		－6.0%		－8.3%	
商品C	17.2%	25.4%	18.1%	26.4%	16.6%	23.3%
	－8.2%		－8.3%		－6.7%	
商品D	28.8%	29.9%	27.1%	28.9%	23.7%	25.0%
	－1.1%		－1.8%		－1.3%	
商品E	23.1%	24.7%	24.8%	25.7%	20.8%	22.4%
	－1.6%		－0.9%		－1.6%	
⋮	⋮	⋮	⋮	⋮	⋮	⋮

6. 分析結果　発注精度の目標達成状況

- 欠品時間／廃棄率を現行と人工知能による発注で比較した結果を次に示します。
- すべての対象において、欠品時間／廃棄率が改善することを確認しました。

欠品時間

	店舗A		店舗B		店舗C	
	現行	人工知能	現行	人工知能	現行	人工知能
商品A	15H	14H	20H	18H	13H	10H
商品B	47H	19H	34H	12H	36H	11H
商品C	9H	9H	12H	10H	14H	10H
商品D	23H	17H	19H	18H	20H	12H
商品E	17H	11H	22H	22H	25H	13H

廃棄率

	店舗A		店舗B		店舗C	
	現行	人工知能	現行	人工知能	現行	人工知能
商品A	9%	7%	13%	12%	11%	9%
商品B	19%	17%	20%	16%	21%	18%
商品C	7%	7%	8%	5%	16%	3%
商品D	18%	14%	11%	9%	17%	5%
商品E	14%	11%	16%	11%	19%	11%

7. 分析結果　得られた知見

今回予測対象とした商品 A について、曜日、天気との関係性を発見しました。

1	需要は、他の平日と比べて木曜日と金曜日に上がり、月曜日に下がる傾向がある
2	需要は、予測対象日当日の天気よりも、前日の天気と関係性がある
3	土曜日は、晴れている時間が1日中継続している場合よりも、少量の雨が降ったほうが売上げが上がる傾向がある
4	土曜日は、天気により傾向が変わる 日曜日は、天気により傾向があまり変わらない

8. 総括

- 人工知能により十分な精度で需要予測が可能であることを確認しました。
- 高精度な予測に基づく発注数算出で、欠品時間・廃棄率の削減が可能であることを確認しました。
- データ分析により、商品Aの需要数に曜日、天気との関係性を発見しました。

目標達成状況	【目標1】全店舗・商品において、十分な需要予測精度を達成すること	【結果1】達成
	【目標2】全店舗・商品において、現行運用よりも欠品時間・廃棄率が削減できること	【結果2】達成

得られた知見（商品A）	・需要は、他の平日と比べて木曜日と金曜日に上がり、月曜日に下がる傾向がある ・需要は、予測対象日当日の天気よりも、前日の天気と関係性がある ・土曜日は、晴れている時間が1日中継続している場合よりも、少量の雨が降ったほうが売上げが上がる傾向がある ・土曜日は、天気により傾向が変わる 　日曜日は、天気により傾向があまり変わらない

9. システム化に向けて

トライアル分析においては次の課題が明らかになった。

①競合商品の発売によるカニバリゼーションにより販売傾向が急激に変わり、予測が外れることがある。
②新商品発売時は、学習データ期間不足の課題により過学習が生じることがある。

これらの課題に対応し、システム化要件を明確化するために、システムの要件定義フェーズにおいて、次の観点におけるデータ分析を実施することを想定しています。

①全店舗、全商品の予測精度の確認
②学習期間の決定
③モデル更新頻度の決定
④モデル更新条件の決定
⑤新商品の予測方法の決定
⑥異常値データの処理・チェック基準の決定

付録E WBS

WBS

No.	WBS			工数（人月）
1	要件定義			**6.00**
2		要件定義計画		0.50
3		要件定義のためのデータ分析		−
4			モデル作成検証	1.00
5			運用検証	1.00
6		機能要件定義		−
7			在庫状況管理	0.50
8			発注処理_発注機能	0.50
9			発注処理_学習機能	0.50
10		非機能要件定義		1.00
11		画面モックアップ作成		1.00
12	基本設計			**6.00**
13		基本設計計画		0.50
14		システム構成検討		0.50
15		アーキテクチャ設計		0.50
16		機能設計		−
17			在庫状況管理	0.50
18			発注処理_発注機能	0.50
19			発注処理_学習機能	0.50
20		データベース設計		1.00
21		基盤設計		1.00
22		システム運用設計		1.00
23	詳細設計			**5.00**
24		詳細設計計画		0.50
25		機能設計/単体テスト仕様書作成		−
26			在庫状況管理	0.50
27			発注処理_発注機能	0.50
28			発注処理_学習機能	0.50
29		データベース設計		1.00
30		基盤設計		1.00
31		システム運用設計		1.00

32	製造・単体テスト			**4.50**
33		製造/単体テスト計画		0.50
34		製造		―
35			共通機能	0.50
36			在庫状況管理	0.50
37			発注処理_発注機能	0.50
38			発注処理_学習機能	0.50
39		単体テスト		―
40			共通機能	0.50
41			在庫状況管理	0.50
42			発注処理_発注機能	0.50
43			発注処理_学習機能	0.50
44	結合テスト			**3.50**
45		結合テスト計画		0.50
46		結合テスト		―
47			テスト仕様書作成	1.00
48			テスト環境構築	1.00
49			テスト実施	1.00
50	総合テスト			**8.50**
51		総合テスト計画		0.50
52		総合テスト（定常業務テスト）		―
53			テスト仕様書作成	1.00
54			テスト環境構築	1.00
55			テスト実施	2.00
56		総合テスト（モデル更新テスト）		―
57			テスト仕様書作成	1.00
58			テスト環境構築	1.00
59			テスト実施	2.00
60	受入れ支援			**3.00**
61		受入れテスト支援		1.00
62		ユーザ教育支援		1.00
63		システム移行支援		1.00
	合　計			36.50

付録F 機能要件定義書・非機能要件定義書

　付録Fでは、ケーススタディの中で、MYソフトが作成した機能要件定義書・非機能要件定義書を示します。

商品発注システム　機能要件定義書

No.	機能名	要件概要
1	在庫状況管理	
1.1	在庫状況表示機能（日単位）	①対象カテゴリと対象期間を指定することで、対象カテゴリに紐づく商品の一覧を表示すること ②対象期間における日単位の売上数、納入数、在庫数を表示すること ③日付のリンクを押下すると、時間単位の在庫状況を表示すること ④過去1年分のデータを参照できること
1.2	在庫状況表示機能（時間単位）	①対象カテゴリと対象日を指定することで、対象カテゴリに紐づく商品の一覧を表示すること ②対象日における時間単位の売上数、納入数、在庫数を表示すること
2	発注処理	
2.1	発注登録機能	①対象カテゴリと発注日を指定することで、対象カテゴリに紐づく商品の一覧を表示すること ②あらかじめ用意した発注リードタイムマスタを参照し、当発注分の納入日を明示すること ③販売情報、カレンダー情報、気象情報、イベント情報、キャンペーン情報を基に、対象カテゴリの売上予測を行い、売上予測数を表示すること ④商品ごとに発注数欄には、売上予測数から算出した推奨発注数を初期表示すること。発注数は任意に変更可能であること ⑤登録ボタンを押下することで、店舗における発注登録を完了させ、本部へデータを送信すること
2.2	学習機能	①過去3年分の販売情報、カレンダー情報、気象情報、イベント情報、キャンペーン情報のデータを利用し、1店舗当たり30カテゴリー、3,000商品の予測モデルを構築すること。店舗数は70店舗とする。モデルは、1時間単位の売上数を2週間後まで予測できること ②モデルは月次で更新すること

商品発注システム　非機能要件定義書

No.	機能名	要件概要
1	キャパシティ要件	(1) 管理データ量 ①店舗数 ・全国70店舗 ②在庫管理画面および発注画面表示に使うデータ ・過去3年分の、店舗ごと30カテゴリ3,000商品の時間単位の売上げ、納入、在庫データ ③学習に利用するデータ ・過去3年分の、店舗ごと30カテゴリ3,000商品の時間単位の売上げデータ。同期間のカレンダーデータ、気象データ、イベントデータ、キャンペーンデータ
		(2) トランザクション量 ①平均トランザクション量 ・10リクエスト／分 ②最頻トランザクション量 ・100リクエスト／分
2	性能要件	レスポンスタイム ・画面表示　5秒以内 ・学習時間　24時間以内
3	信頼性・可用性要件	(1) 平均故障間隔：明確な要件なし (2) 平均復旧時間：1時間以内 (3) 稼働率：99％以上 ※稼働時間は365日24時間
4	使用性要件	UIや使い勝手に関する特別な要件：明確な要件なし
5	セキュリティ要件	認証、認可、情報保護などに関する要件 ・アプリケーション、OSなどはパスワードで保護し、不正アクセスを遮断する
6	監視要件	自動監視の必要性：必要
7	バックアップ要件	(1) バックアップ対象：管理しているすべてのデータ、モデル
		(2) 保存期間：最低5年
8	拡張性要件	将来の機能追加予定 ・年次で予測精度の検証および学習データの妥当性の検証を行い、変更が必要と判断された場合は、学習方法（学習に利用するデータの追加を含む）および更新頻度の見直しを行う
9	保守要件	(1) 保守窓口の形態、受付時間 ・電話、メールによる保守窓口を設置。受付時間は9～22時 (2) 障害発生時の対応内容 ・障害認識後30分以内の調査開始と定期的な状況報告
10	運用要件	(1) 月に1回、モデルの更新を実施すること (2) 月に1回、予測結果の検証レポートを提出すること (3) 月に1回、異常予測結果および異常データのチェックを行い、レポートを提出すること

付録G 要件定義のためのデータ分析結果報告書

十貨堂株式会社御中

人工知能発注システム 要件定義のためのデータ分析結果のご報告

MYソフト株式会社
20XX年XX月XX日

目次

1. 分析の目的と概要
2. 分析① 全店舗全商品の予測精度の確認結果
3. 分析② 学習期間の決定
4. 分析③ モデル更新頻度の決定
5. 分析④ モデル更新条件の指標値の決定
6. 分析⑤ 新商品の予測方法の決定
7. 分析⑥ 異常値データの処理・チェック基準の決定
8. 人工知能発注システムの要件のまとめ

1. 分析の目的と概要

分析の目的

全店舗、全商品に対して分析を行い、次に示す要件を確定する
- 分析① 全店舗全商品の予測精度の確認
- 分析② 学習期間の決定
- 分析③ モデル更新頻度の決定
- 分析④ モデル更新条件の指標値の決定
- 分析⑤ 新商品の予測方法の決定
- 分析⑥ 異常値データの処理・チェック基準の決定

分析対象店舗	全店舗（70店舗）
分析対象商品	全商品（30カテゴリ、3,000商品）
データ期間	過去3年間
予測先	1日後〜14日後
時間分解能	1時間

2. 分析① 全店舗全商品の予測精度の確認結果（1）

70店舗3,000商品[※1]のうち、**90%以上[※2]が平均誤差率20%未満**であることを確認しました。

※1：70店舗×3,000商品＝210,000対象　※2：平均誤差率が20％未満は193,200対象

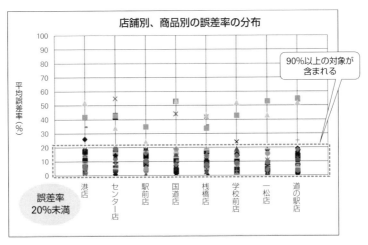

※平均誤差率＝average(|実績値-予測値|) / average (|実績値|)
※代表的な8店舗を表示
※全店舗において同様の傾向であることを確認済み

2. 分析① 全店舗全商品の予測精度の確認結果（2）

月に平均300個以上の売上げがあり、1年以上データがある商品について、**95%以上**が**15%未満の誤差率**であることを確認しました。

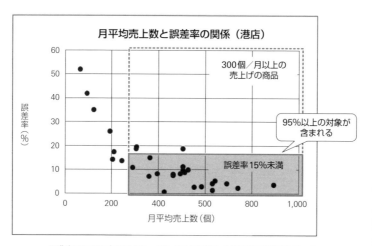

※港店の3,000商品のうち、ランダムに抽出した30商品を表示している
※全体を対象にした場合も同様の傾向であることを確認済み

付録G　要件定義のためのデータ分析結果報告書

2. 分析①　全店舗全商品の予測精度の確認結果（3）

1日の平均来客数が1,000人以上の規模の大きい店舗について、**95％以上が15％未満の誤差率**であることを確認しました。

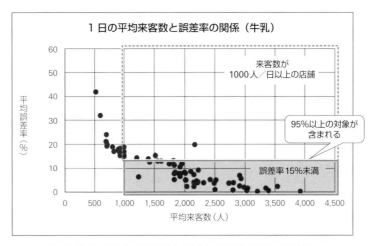

※店舗ごとに、牛乳の平均誤差率と1日の平均来客数の関係を表示している

3. 分析② 学習期間の決定

平均誤差率と学習時間のバランスから、**学習期間は2年**とします。

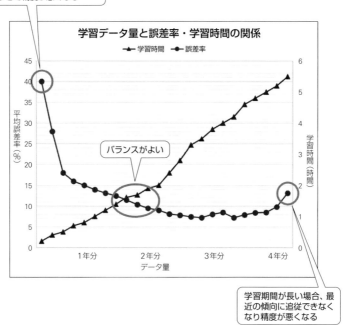

※全店舗・全商品の平均誤差率を、モデル構築に利用したデータ期間（データ量）に従って表示している

4. 分析③　モデル更新頻度の決定

モデル構築から30日を経過した頃から平均誤差率が悪化し始めることから、**モデルの更新頻度は1カ月単位**とします。

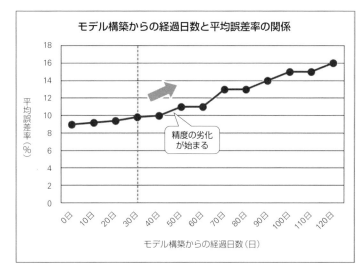

※全店舗・全商品の平均誤差率をモデル構築からの経過日数に従って算出して表示

5. 分析④　モデル更新条件の指標値の決定

> モデルを更新する際に**平均誤差、最大誤差、平均上振れ、平均下振れの指標値を前のモデルと比較の上、更新可否を判断**します。

採否	指標値	プロジェクトKPI		システムの安定性	備考
		廃棄の発生	欠品の発生	異常予測の発生	
○	平均誤差 ＝average(|実績値-予測値|)	○	○	△	平均誤差が大きくなるほど、廃棄・欠品も大きくなる
×	平均誤差率 ＝average(|実績値-予測値|) /average（|実績値|）	△	△	△	需要予測においては、誤差率よりも、いくつ外れたかを示す誤差値のほうが解釈しやすいため、平均誤差値を採用する
○	最大誤差 ＝max(|実績値-予測値|)	×	×	○	大幅に予測を外すケースを確認することで、異常予測の起こりやすさを推定することができる
○	平均上振れ ＝実績値よりも大きく予測した日の平均誤差	○	×	△	実績より上振れする場合、廃棄が増加し、欠品が減る
○	平均下振れ ＝実績値よりも小さく予測した日の平均誤差	×	○	△	実績より下振れする場合、廃棄は減少し、欠品が増加する

6. 分析⑤　新商品の予測方法の決定

新商品の予測精度が安定するのには3週間分のデータの蓄積が必要です。そのため、**発売開始〜3週間はカテゴリ予測モデルからの按分値で代替し、発売3週間後から商品別予測モデルを適用**します。

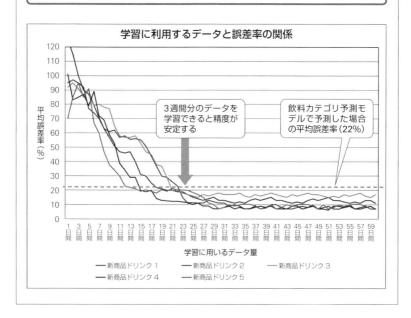

7. 分析⑥ 異常値データの処理・チェック基準の決定（1）

> キャンペーン区分において、出現頻度の低い「セット値引き」は意味合いの近い「値引き」に統合することで最大誤差率が低くなります。そのため、**「セット値引き」は「値引き」に統合**します。

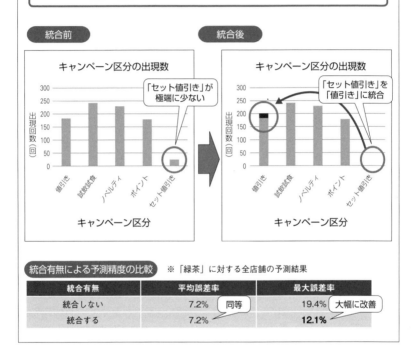

7. 分析⑥　異常値データの処理・チェック基準の決定（2）

> 説明変数が異常値の場合、予測が大幅に外れる可能性があります。**予測前に説明変数の範囲のチェックを行い、基準外の場合はアラート表示**します。

異常値チェック基準

大項目	小項目	最大値	最小値	平均値	アラート基準
値引き額	牛乳	50	0	25	51以上
	緑茶	20	0	15	21以上
	︙	︙	︙	︙	︙
気象	平均気温	40	−10	20	40以上 −10未満
	平均湿度	7,530	1,214	2,214	5,000以上 1,000未満
	︙	︙	︙	︙	︙

8. 人工知能発注システムの要件のまとめ

データ分析の結果より、人工知能発注システムの要件を次のとおり定義します。

確認内容／検討内容	確認結果／要件
全店舗・全商品の予測精度の確認	・70店舗3,000商品のうち、**90％以上が平均誤差率20％未満**であることを確認 ・月に平均300個以上の売上げがあり、1年以上データがある商品について、**95％以上が15％未満の誤差率**であることを確認 ・1日の平均来客数が1,000人以上の規模の大きい店舗について、**95％以上が15％未満の誤差率**であることを確認
学習期間の決定	平均誤差率と学習時間のバランスから、**学習期間は2年**とする
モデル更新頻度の決定	モデル構築から30日を経過した頃から平均誤差率が悪化し始めることから、**モデルの更新頻度は1カ月単位**とする
モデル更新条件の指標値の決定	モデルを更新する際に**平均誤差、最大誤差、平均上振れ、平均下振れの指標値を前のモデルと比較の上、更新可否を判断**する
新商品の予測方法の決定	新商品の予測精度が安定するのには3週間分のデータの蓄積が必要。そのため、**発売開始～3週間はカテゴリ予測モデルで代替し、発売3週間後から新商品予測モデルを適用**する
異常値データの処理・チェック基準の決定	・キャンペーン区分において、出現頻度の低い「セット値引き」は意味合いの近い「値引き」に統合することで最大誤差率が低くなるため、「値引き」に項目を統合する ・説明変数が異常値の場合、予測が大幅に外れる可能性があるため、**予測前に説明変数の範囲のチェックを行い、基準外の場合はアラート表示**する

注

【Chapter 1】

1 http://jpn.nec.com/press/201707/20170710_01.html
2 https://photos.google.com/?hl=ja
3 http://www.jpx.co.jp/corporate/news-releases/0060/20170228-01.html
4 http://www5.cao.go.jp/j-j/cr/cr14/chr140300.html
5 http://onlinelibrary.wiley.com/doi/10.1111/acem.12876/abstract
6 http://www.hitachi.co.jp/rd/portal/report/2016/ijcai/index.html
7 https://www.softbank.jp/corp/group/sbm/news/press/2017/20170529_01/
8 http://jpn.nec.com/press/201608/20160822_01.html
9 http://www.kantei.go.jp/jp/singi/it2/kettei/pdf/20160520/2016_roadmap.pdf
10 https://www.slideshare.net/ryokuta/deep-learning-64339091
11 https://research.googleblog.com/2016/09/a-neural-network-for-achine.html
12 https://research.googleblog.com/2016/08/text-summarization-with-tensorflow.html
13 http://hi.cs.waseda.ac.jp/~iizuka/projects/colorization/ja/
14 https://www.autodraw.com/

【Chapter 2】

1 ここではウォーターフォール型のシステム開発を想定していますが、アジャイル型のシステム開発でも同様の違いがあります。
2 データの中にある偶然の関係を重視してしまい、学習データの精度は高いにもかかわらず、評価データに対する精度が下がってしまう現象。

【Chapter 3】

1. 発注元が発注先（ベンダ）に、システムの目的や概要を説明して、システムの構成や費用などの提案を依頼するものです。RFP（Request For Proposal）とも呼ばれます。
2. 依頼を受けたベンダが、提案依頼書を受けて、システムの構成、費用、スケジュール、開発方法などを説明するものです。
3. https://resas.go.jp
4. https://www.e-stat.go.jp

【Chapter 4】

1. 予測する対象を決めることを「目的変数」（または被説明変数・従属変数）を決めるといいます。一方で予測するのに用いる要因を「説明変数」（または属性・特徴量）といいます。
2. 名義尺度とは、名前・電話番号などのことです。通常のラベルデータはこれに該当します。
   なお、名義尺度以外に次のような尺度があります。
   - 順序尺度 …… 順位など。順番に意味があるデータ。ラベルではなく数値として人工知能に学習させることがあります。
   - 間隔尺度 …… 摂氏（温度）など。差に定量的な意味があるデータ（2℃差など）です。基本的に数値として人工知能に学習させます。
   - 比例尺度 …… 質量・長さなど。差と比に定量的な意味があるデータです（長さが2倍など）。数値として人工知能に学習させます。
3. 実際には、畳み込み層という画像の特徴を抽出する層と、プーリング層という特徴をまとめあげる層が交互に重なったようなものになります。
4. 著名なPythonのオープンソース機械学習ライブラリ。
   http://scikit-learn.org/stable/
5. 主成分分析と類似する方法に「因子分析」がありますが、これは変数たちを説明する「因子」を探すものであり、次元圧縮に用いるものではありません。因子分析はアンケートの分析などにおいてよく用いられますが、本件のような機械学習のシステム化において使われることはまれです。

6 　他に、正例と負例を誤答したときのペナルティに重みを付けて、正例が誤答したときを過大に評価する方法がありますが、応用的であるため割愛します。

7 　Synthetic Minority Over-sampling Techniqueの略。複製したいデータと近傍のデータの間のデータを新規に作成することで、データを増やす方法。

8 　学習アルゴリズムの調整が多く、調整パラメータを決めるようなケースにおいては、「学習データ」「モデル選択データ」「評価データ」と3つに分け、モデル選択データにおいて決めたパラメータによって評価データがよい精度になるのかを検証することもあります。

【Chapter 5】

1 　Apache Sparkのこと。巨大データの取り扱いを目的とした分散処理のフレームワークで、Pythonなど機械学習のライブラリがある言語との相性がよいことから、機械学習を分散処理で実行したいときによく用いられます。

【Chapter 6】

1 　モデルが、頻繁に起こる現象だけを反映しており、「通常の」予測結果が出やすくなっている状態。「過学習が起こっている」状態は、「汎化性能が低い」状態と同義。「モデルが単純であり使用されている変数が少ない」状態は、「汎化性能が高い」状態と同義。

参考書籍

本書の理解を深めるために参考になる書籍を紹介します。

人工知能・機械学習やプロジェクトマネジメントに関する書籍は多数あり、下記以外にも多数あります。自分の役割やレベルに合ったものを選んでください。

機械学習に関する参考書籍

- 多田智史著、石井一夫監修『あたらしい人工知能の教科書　プロダクト／サービス開発に必要な基礎知識』（翔泳社）

  アルゴリズムのバリエーションが広く、どんな手法があるのかを知るのに便利です。AIを作る仕事をする人は、こちらの書籍に書かれている手法を一通り「聞いたことがある」レベルには知っておくとよいでしょう。

- 平井有三『はじめてのパターン認識』（森北出版）

  機械学習の手法が数式と共に解説されていて、原理を理解するのに便利です。業務で採用したアルゴリズムに関してはこちらの書籍に記載されている内容を理解するとよいでしょう。

- 有賀康顕、中山心太、西林孝『仕事ではじめる機械学習』（オライリージャパン）

  機械学習の実務適用という点で、本書に類似しています。本書と比較して、コードのサンプルなどがあり、よりエンジニア向けの書籍です。

統計に関する参考書籍

- 東京大学教養学部統計学教室編『統計学入門（基礎統計学Ⅰ）』（東京大学出版会）

    統計学の基本が一通り記載されています。本書に記載されている内容を理解していると、データの基本的な見方が身に付いて、データの処理方法設計をうまくできるようになります。

- 高橋信「マンガでわかる統計学」シリーズ（オーム社）

    上の「統計学入門」が難しすぎると感じる場合は、まずはこちらのシリーズ（4冊）を読んで理解するのがよいでしょう。

- 久保拓弥『データ解析のための統計モデリング入門――一般化線形モデル・階層ベイズモデル・MCMC（確率と情報の科学）』（岩波書店）

    機械学習とも関係が深い統計モデリングについて詳しく解説があります。特にベイズモデル関係を使う場合は、必読です。

プロジェクトマネジメント方法に関する参考書籍

- Project Management Institute
『プロジェクトマネジメント知識体系ガイド（PMBOKガイド）第5版』（Project Management Inst）

    プロジェクトマネジメントの知識体系を整理したものにPMBOKがあり、その理解度を確かめる試験にPMP（Project Management Professional）試験があります。この書籍はPMBOKの公式教科書であり、分厚いですがプロマネに必要なマネジメント知識が網羅されています。

- 広兼修『マンガでわかるプロジェクトマネジメント』（オーム社）

    上の『プロジェクトマネジメント知識体系ガイド』が難しすぎると感じる場合は、まずはこちらを読んで概要を理解するのがよいでしょう。

INDEX

アルファベット

- AUC 139
- CNN 100
- Dropout処理 147
- F値 139
- k-means 109
- k-means++ 110
- k分割交差検証 131
- LDA 125
- Lift曲線 139, 140
- MAE 132
- MAE／平均実績値 133
- MAPE 133
- POC 84
- RMSE 132
- RNN 123
- ROC曲線 139
- SVM 103
- SVR 106
- TF-IDF法 125
- t-SNE 113
- WBS 265
- Word2vec 126

あ

- 新しい知識の登録 226
- アルゴリズム 98
- アンダーサンプリング 120

い

- 異常検知 15
- 異常値処理 118, 189
- 異常データの削除 222
- 一定値以上の誤差値の割合 135
- 移動平均法 116
- イベント発生の予測 20

う

- 受入れテスト 208
- 上振れ誤差率 135
- 運用・保守フェーズ 43
  - ——で起こりやすい問題 45
  - ——の主な作業 43
- 運用・保守方針 78

え

- エキスパートシステム 4
- 枝刈り処理 147

お

- オーバーサンプリング 120
- 音声認識 12
- オンライン学習 179, 180

か

- 回帰 99
- 回帰木 103
- 解釈性の評価 142
- 階層型クラスタリング 110
- 開発提案書 237
- 開発フェーズ 39, 162
  - ——で起こりやすい問題 41
  - ——の期間 39
  - ——のゴール 39
  - ——の作業 40
  - ——の成果物 39
- 過学習 144
  - ——度合いの確認 151
  - ——度合いの評価 144
- 学習結果のモデル 60

学習処理の設計 ……………………………… 194
学習済みモデル ……………………………… 194
学習データ ……………………………… 130, 190
　——内の異常データ ……………………… 223
学習部 ……………………………………………… 59
仮説検証 ……………………………………………… 84
画像データ ……………………………… 94, 121
画像認識 ……………………………………………… 10
カテゴリデータ ……………………………… 92
カバー率 ……………………………………… 138
感度 …………………………………………………… 138

き

企画フェーズ ………………………………………… 33
　——で起こりやすい問題 ………………… 35
　——の期間 ………………………………………… 33
　——のゴール …………………………………… 33
　——の作業 ………………………………………… 33
　——の成果物 …………………………………… 33
機能要件定義書 ……………………………… 267
強化学習 ……………………………………………… 27
教師あり学習 ……………………………… 98, 99
教師なし学習 …………………………… 98, 109
偽陽性率 ………………………………………… 138
業務フロー ……………………………………… 64

く

クラスタリング ……………………………… 109
グループ化 ……………………………… 115, 117

け

計画作り ……………………………………… 164
結果の評価 ……………… 128, 130, 142, 144, 149
結果表示画面の設計 ……………………… 197
結合テスト ……………………………………… 206
決定木 ………………………………………………… 102

こ

更新方法の決定 ……………………………… 178
行動の最適化 …………………………………… 23
誤差率 …………………………………………… 133
根拠情報 ………………………………………… 199
混同行列 ………………………………………… 137

さ

再学習 ……………………………………… 79, 178
再現率 …………………………………… 137, 138
最大誤差値 ……………………………………… 135
最大誤差率の確認 ………………………… 150
作業の自動化 ………………………………… 26

し

次元圧縮 ………………………………………… 118
自己回帰変数 ………………………………… 116
システム構成 …………………………………… 59
自然言語データ ……………………… 95, 123
下振れ誤差率 ………………………………… 136
自動再学習 ……………………………………… 218
主成分分析 ……………………………………… 111
状態の監視 ……………………………………… 212
人工知能
　——が得意なこと ………………………… 227
　——が不得意なこと ……………………… 227
　——が向いているケース ……………… 57
　——システムの開発プロセス ………… 32
　——システムのプロジェクトにおける作業ミス ……………………………………………… 157
　——と人の役割分担 ……………………… 65
　——に期待しすぎる人に対する返し方 ……………………………………………………… 53
　——に忘れさせる ………………………… 220
　——の挙動に対する問い合わせ応答 　80
　——の育て方 ………………………………… 218
　——の定義 ………………………………………… 2
　——の役割 ………………………………………… 9

287

——の歴史	4
深層学習	6
新対象の追加	80
信頼性情報	197

す

推定部	60
数値データ	91
数値のヒアリング	54
数値の予測	17
スケジュール検討	75
ストリーム学習	179

せ

正解率	138
成果物	165
製造	162
正則化	147
精度の確認	80, 149, 170
精度評価	130
設計	162
設計書	193
説明変数	98
——の加工	116
——の定義	89
——の不安定化	222
線形回帰分析	105
線形分類器	103

そ

総合的な評価	155
総合テスト	208
想定外の挙動に対する対処	77

た

対処	9, 23
代替モデル	187
単体テスト	206

て

提案依頼書	232
ディープラーニング	6, 100
データ	
——選び	70
——観察	90
——の加工	114
——の統合	225
——量の決定	175
データオーグメンテーション	121
データ分析チーム	166
適合率	137, 138
テキストデータ	95, 123
テスト	162
テスト工程	205

と

トイシステム	4
統計的機械学習	5
特異度	138
トライアル	84
——対象の決定	87
——の分析	36
——を行わないときに起こりやすい問題	38
トライアルフェーズ	36
——の期間	36
——のゴール	36
——の作業	37
——の成果物	36
トライアル分析提案書	247
トライアル分析報告書	253
トレンド変化	221

に

| ニューラルネットワーク | 4 |
| 認識 | 9, 10 |

は

ハイパスフィルタ ……………………………… 117
バッチ学習 ……………………………… 179, 180
判別 ……………………………………………… 99

ひ

非機能要件定義書 …………………………… 267
評価指標 ……………………………………… 128
評価データ …………………………………… 130
表現の生成 …………………………………… 29

ふ

プロジェクトの目的 ………………………… 51
文章解析 ……………………………………… 13
分析 ……………………………………… 9, 17
分析内容定義 ………………………………… 86

へ

平均誤差 ……………………………………… 132
平均二乗誤差 ………………………………… 132
平滑化 ………………………………………… 116
変数の追加 …………………………………… 224

ま

前処理 ………………………………………… 114

み

ミニバッチ学習 ……………………… 179, 182

め

メンテナンス機能の設計 …………………… 200

も

目的変数 ……………………………………… 98
　——の加工 ………………………………… 115
　——の定義 ………………………………… 89
モデル
　——更新時の評価方法 …………………… 184
　——更新の頻度 …………………………… 182
　——設計 …………………………………… 97
　——の確認 ………………………………… 153
問題の定義 …………………………………… 87

よ

要件定義 …………………… 162, 164, 170, 175,
　　　　　　　　　　　　　　178, 186, 189
　——のスケジュール検討 ………………… 167
　——の体制 ………………………………… 165
　——のためのデータ分析 ………………… 169
要件定義チーム ……………………………… 166
要件定義のためのデータ分析結果報告書
　……………………………………………… 269
予測結果の確認 ……………………………… 80
予測処理の設計 ……………………………… 195
予測データ …………………………………… 191
予測部 ………………………………………… 60
予測モデル …………………………………… 60

ら

ラベル化 ……………………………………… 115
ラベルデータ ………………………………… 92
ランダムフォレスト ………………………… 102

り

リカレントニューラルネットワーク … 123
リサンプリング ……………………………… 120
リリースのための分析 ……………………… 209

ろ

ローパスフィルタ …………………………… 117
ロジスティック回帰分析 …………………… 107

おわりに

　人工知能技術は日進月歩の進化の途上であり、本書に記載したアルゴリズムや方法を上回るすばらしいものが近未来に開発されると思います。しかし、人工知能（機械学習）が「データを覚えて学習していく」というものである限り、基本的な考え方は共通であり、システムに導入していくための普遍的なノウハウがあると考えて本書を執筆しました。

　人工知能（機械学習）が搭載されたシステムはまだまだ数が少なく、日本中に人工知能が拡がっているとはいいがたい状況です。日本に数多くいるシステムエンジニアの方、プロジェクトマネージャの方が本書を読み、自分が担当しているシステムに人工知能を導入するきっかけになることを願っています。

　本書を刊行するにあたり、多数の方のご支援をいただきました。この場を借りて御礼申し上げます。

　特に、翔泳社の長谷川さんには、遅筆すぎる著者にもかかわらず忍耐強く対応いただき、心から感謝しています。本書が完成したのは長谷川さんのおかげといっても過言ではないです。

　西村延之さん、池田雅之さん、濱中雅彦さん、菅野亨太さんからいただいたご意見は、本書をよりよいものにすることに役立ちました。また、孝忠大輔さん、伊藤千央さんからは、参考情報を提供いただくことのみならず、システムエンジニア向けの教育を行う人の視点でのご意見をいただきました。岡本悠佳さん、田村孝さんは、ケーススタディの具体化をご支援いただきました。ありがとうございます。

　また、人工知能技術の研究開発や事業企画を継続的に続け、多数の挑戦を支援していただいたNECの経営陣・先輩方に感謝申し上げます。さらに、私が、このような書籍を執筆する機会まで得られたのは、これまで一緒に働いてきた仲間たちや、チャレンジ精神にあふれるクライアント企業の皆様のおかげです。本書を執筆するにあたり、多数の人が人工知能に関わってきたことを再認識しましたが、人工知能がつなぐ人の縁は素敵だな、と改めて思います。

　最後に、毎日、私に活力を与え続けてくれる本橋優子・周に感謝します。ありがとう。

2018年2月　本橋洋介

著者プロフィール

本橋 洋介（もとはし・ようすけ）

NEC AI・アナリティクス事業開発本部　シニアデータアナリスト 兼 データサイエンス研究所・プラットフォームサービス事業部 シニアエキスパート。

東京大学大学院工学系研究科産業機械工学専攻修士課程修了。2006年NEC入社後、人工知能・知識科学・機械学習・データマイニング技術と分析ソリューションの研究開発に従事。機械学習の実問題適用を専門としており、これまでに機械学習技術を用いた分析サービス・システムの導入について30社以上に対して実績あり。2016年、NECが新規に創設したシニアデータアナリストの初代認定者になる。人工知能技術やサービスの広報役としてビジネスカンファレンスなどでの講演を多数行うと共に、企業トップ層への人工知能活用に関するロードマップ策定のコンサルティングを実施している。

装丁・本文デザイン　富澤崇
DTP　　　　　　　株式会社 シンクス

人工知能システムのプロジェクトがわかる本
―企画・開発から運用・保守まで―

2018年 2月15日　初版第1刷発行
2020年12月15日　初版第3刷発行

著　者　　本橋 洋介
発行人　　佐々木 幹夫
発行所　　株式会社 翔泳社（https://www.shoeisha.co.jp）
印刷・製本　凸版印刷 株式会社

©2018 Yosuke Motohashi

本書は著作権法上の保護を受けています。本書の一部または全部について（ソフトウェアおよびプログラムを含む）、株式会社 翔泳社から文書による許諾を得ずに、いかなる方法においても無断で複写、複製することは禁じられています。
本書へのお問い合わせについては、iiページに記載の内容をお読みください。
落丁・乱丁はお取り替えいたします。03-5362-3705までご連絡ください。
ISBN978-4-7981-5405-3　　　　　　　　　　　Printed in Japan